四川省省级科普经费资助

农业科普系列丛书

四川省科学技术协会
四川省农村专业技术协会 组织编写

科学养殖

肉用山羊 KEXUE YANGZHI
ROUYONGSHANYANG

主编／熊朝瑞

U0210294

四川科学技术出版社

·成都·

图书在版编目(CIP)数据

科学养殖肉用山羊/熊朝瑞主编. —成都:四川科学技术出版社,2018.11

(农业科普系列丛书)

ISBN 978 – 7 – 5364 – 9237 – 0

Ⅰ.①科… Ⅱ.①熊… Ⅲ.①肉用羊 – 山羊 – 饲养管理 Ⅳ.①S827

中国版本图书馆 CIP 数据核字(2018)第 239819 号

农业科普系列丛书

科学养殖肉用山羊

主　　编　熊朝瑞

出 品 人　钱丹凝
责任编辑　刘涌泉
封面设计　墨创文化
责任出版　欧晓春
出版发行　四川科学技术出版社
　　　　　成都市槐树街 2 号　邮政编码 610031
　　　　　官方微博:http://e. weibo. com/sckjcbs
　　　　　官方微信公众号:sckjcbs
　　　　　传真:028 – 87734039
成品尺寸　146mm × 210mm
　　　　　印张 6. 25　字数 130 千
印　　刷　成都一千印务有限公司
版　　次　2018 年 11 月第一版
印　　次　2018 年 11 月第一次印刷
定　　价　25. 00 元
ISBN 978 – 7 – 5364 – 9237 – 0

"农业科普系列丛书" 编委会

本书编写人员名单

主　编　熊朝瑞

副主编　范景胜　俄木曲者　周光明

参　编　陈朝康　陈　勇　何经纬　胡远彬

　　　　季　杨　李联彬　梁小玉　苗　斌

　　　　唐　成　王小强　杨舒慧　叶勇刚

　　　　张　林

序

　　加快农村科学技术的普及推广是提高农民科学素养、推进社会主义新农村建设的一项重要任务。近年来，四川省农村科普工作虽然取得了一定的成效，但农村劳动力所具有的现代农业生产技能与生产实际的要求还不相适应。因此，培养有文化、懂技术、会经营的新型农民仍然是实现农业现代化，建设文明富裕新农村的一项重要的基础性工作。

　　为了深入贯彻落实《全民科学素质行动计划纲要(2006—2010—2020年)》，切实配合农民科学素质提升行动，大力提高全省广大农民的科技文化素质，四川省科学技术协会和四川省农村专业技术协会组织编写了这套《农业科普系列丛书》。

该系列丛书密切结合四川实际，紧紧围绕农村主导产业和特色产业选材，包含现代农村种植业、养殖业等方面的内容。选编内容通俗易懂，可供农业技术推广机构、各类农村实用技术培训机构、各级农村专业技术协会及广大农村从业人员阅读使用。

该系列丛书的编写得到了四川省老科学技术工作者协会的大力支持，在此表示诚挚的谢意！由于时间有限，书中难免有错漏之处，欢迎广大读者在使用中批评指正。

"农业科普系列丛书"编委会

前　言

羊肉是城乡居民重要的"菜篮子"产品。山羊能够为人们提供大量的优质蛋白质食品，具有较强的创汇能力。山羊适应性强，可以充分利用自然资源、各种农副产品以及秸秆资源进行饲养。发展肉用山羊养殖业不仅可推动农村经济发展，促进农民增收，而且对调整农村产业结构，推动畜牧业的可持续发展，具有十分重要的意义。

改革开放以来，四川省肉羊产业快速发展，羊肉产量持续增长，在肉类总产量中的比重逐步提高，生产布局进一步向优势产区集中，对优化畜牧业产业结构、增加农牧民收入、丰富城乡居民"菜篮子"、促进社会和谐稳定发挥了重要的作用。

近年来，随着肉用山羊生产的发展和市场对肉用山羊产品的数量和质量要求不断提高，肉用山羊养殖业正由传统的放牧饲养方式，逐步转向现代化的生产方式，尤其是农区，舍饲（半舍饲）饲养技术的逐步成熟，使得肉用山羊产业逐步发展成为养羊业的重点产业。

为了介绍科学养羊知识，编者针对四川省肉用山羊生产中的实际情况和发展要求编写了《科学养殖肉用山羊》一书。本书较为系统地介绍了四川省肉用山羊品种特征、生物学特性、繁育技术、饲草料调制技术、饲养管理技术、羊场建设技术以及疫病防控技术等方面的知识。在编写过程中，结合编者的生产实践经验，参考了大量国内外已经公开发表的科技刊物和文献资料，既考虑了肉用山羊养殖技术内容的全面性，又突出重点；既强调科学性，更注重技术的实用性，书中文字深入浅出，具有较强的可读性。

本书适用于广大从事养羊生产的饲养人员、基层畜牧兽医人员和养羊生产经营管理人员，还可以作基层单位举办养殖技术培训班的参考教材。

参加本书编写的是长期从事养羊科研、生产的高、中级科技人员，不仅具有深厚的专业基础知识，而且具有丰富的生产实践经验。由于肉用山羊生产所涉及的知识面广，书中难免有错漏之处，诚望读者批评指正，提出宝贵意见。

编　者

目　录

第一章　肉用山羊品种特征 ……………………………… 1

第一节　肉用山羊培育品种 ……………………… 1

　一、南江黄羊 …………………………………… 1

　二、简州大耳羊 ………………………………… 3

第二节　肉用山羊地方品种资源 ………………… 5

　一、成都麻羊 …………………………………… 5

　二、川中黑山羊 ………………………………… 7

　三、北川白山羊 ………………………………… 8

　四、板角山羊 …………………………………… 10

　五、古蔺马羊 …………………………………… 11

　六、川南黑山羊 ………………………………… 13

　七、建昌黑山羊 ………………………………… 14

　八、美姑山羊 …………………………………… 15

第三节　肉用山羊引进品种——波尔山羊 ……… 16

　一、波尔山羊产地及分布 ……………………… 16

　二、引种过程 …………………………………… 17

　三、体型外貌与体重 …………………………… 17

　四、产肉性能 …………………………………… 17

　五、繁殖性能 …………………………………… 17

六、适应性 ·· 18

第二章　肉用山羊的生物学特性 ·············· 19
　第一节　肉用山羊的生活习性 ·············· 19
　　一、合群性强 ···································· 19
　　二、喜干燥，恶潮湿 ························ 19
　　三、爱清洁，厌污浊 ························ 19
　　四、适应性强 ···································· 20
　　五、活泼爱动，喜登高 ···················· 20
　　六、抗病力强 ···································· 20
　　七、采食面广 ···································· 20
　第二节　肉用山羊的消化特点 ·············· 21
　　一、羔羊的消化特点 ························ 21
　　二、成年羊的消化特点 ···················· 21

第三章　肉用山羊的繁殖技术 ·················· 23
　第一节　肉用山羊繁殖规律 ·················· 23
　　一、性成熟与初配年龄 ···················· 23
　　二、发情与配种 ······························ 24
　　三、妊娠与分娩 ······························ 26
　　四、羔羊护理 ···································· 29
　第二节　肉用山羊配种方法 ·················· 33
　　一、配种方法 ···································· 33
　　二、人工授精技术 ···························· 36

第三节　肉用山羊繁殖新技术 ……………………… 41

一、发情控制 ……………………………………… 41

二、胚胎移植技术 ………………………………… 43

三、诱发分娩 ……………………………………… 43

第四节　提高肉用山羊繁殖力的主要方法 ………… 43

一、多胎山羊品种的利用 ………………………… 44

二、实行密集产羔 ………………………………… 44

三、有计划地控制配种季节 ……………………… 44

四、保持羊群中繁殖母羊的适宜比例 …………… 45

五、加强营养物质的供给 ………………………… 45

第四章　肉用山羊饲草料调制技术 ………………… 47

第一节　肉用山羊常用饲料及营养特点 …………… 47

一、粗饲料 ………………………………………… 47

二、青绿饲料 ……………………………………… 49

三、青贮饲料 ……………………………………… 49

四、多汁饲料 ……………………………………… 50

五、精饲料 ………………………………………… 50

六、矿物质饲料 …………………………………… 51

七、饲料添加剂 …………………………………… 52

第二节　肉用山羊常用饲料加工调制技术 ………… 52

一、粗饲料加工 …………………………………… 52

二、青贮饲料制作 ………………………………… 58

三、精饲料加工调制 ……………………………… 62

第三节　肉用山羊全混合日粮配制技术 …………… 63

一、肉羊 TMR 饲料配方设计原则 ·············· 64

二、肉羊 TMR 配方设计步骤 ··············· 67

三、TMR 饲料制作设备及方法 ·············· 72

四、TMR 饲料质量鉴定及利用 ·············· 73

第五章　肉用山羊饲养管理技术 ··············· 74

第一节　种公羊的饲养 ··············· 74

第二节　繁殖母羊的饲养管理 ··············· 75

一、配种前母羊的饲养管理 ··············· 76

二、妊娠期母羊的饲养管理 ··············· 76

三、哺乳期母羊的饲养 ··············· 77

第三节　羔羊的饲养管理 ··············· 78

一、哺乳期的饲养管理 ··············· 78

二、断奶至育成羊的饲养管理 ··············· 81

第四节　肉用山羊的育肥方法 ··············· 82

一、育肥前的准备 ··············· 82

二、育肥的方式 ··············· 83

第五节　粪污及废弃物的处理 ··············· 86

一、粪污处理 ··············· 86

二、药品废弃物的处理 ··············· 87

三、污染饲料、饲草等废弃物的处理 ·············· 87

第六节　生产档案的管理 ··············· 87

第六章　提高肉用山羊生产性能的关键技术 ·············· 88

第一节　肉用山羊选种选配技术 ··············· 88

一、肉用山羊选种技术 …………………………… 88

二、肉用山羊选配技术 …………………………… 91

第二节　肉用山羊纯种繁育技术 ………………… 92

一、纯种繁育 …………………………………… 92

二、本品种选育 ………………………………… 93

三、良种繁育模式与指标 ……………………… 95

第三节　肉用山羊杂交利用技术 ………………… 97

一、杂交亲本的选择与组合 …………………… 98

二、杂交利用方式 ……………………………… 99

第七章　肉用山羊场建设与设施设备 …………… 101

第一节　肉用山羊养殖区域条件与布局 ………… 101

一、肉用山羊养殖区域条件 …………………… 101

二、肉用山羊养殖场规划布局 ………………… 103

第二节　羊舍建筑 ………………………………… 106

一、羊舍建造的基本原则 ……………………… 106

二、羊舍建造 …………………………………… 107

第三节　羊场设施设备 …………………………… 110

一、饲槽和饲草架 ……………………………… 110

二、药浴设施 …………………………………… 111

三、青贮设施 …………………………………… 111

四、通风设备 …………………………………… 112

五、饲草料加工设备 …………………………… 112

六、消毒设施 …………………………………… 113

七、其他设备 …………………………………… 113

第八章　肉用山羊疫病防控技术……………………… 114

第一节　肉用山羊健康观察和综合防治……………… 114

一、健康检查……………………………………… 114

二、病羊的识别与诊断…………………………… 115

三、羊疫病防治综合措施………………………… 117

四、给药方法……………………………………… 118

五、羊用药应注意事项…………………………… 120

六、羊场常备药物和器械………………………… 120

第二节　羊场卫生与防疫……………………………… 121

一、严格执行消毒制度…………………………… 121

二、制定合理免疫程序，做好免疫接种工作…… 123

三、驱虫程序……………………………………… 127

第三节　肉用山羊常见传染病的防治………………… 129

一、病毒病………………………………………… 129

二、细菌性疾病…………………………………… 141

三、羊其他传染病………………………………… 154

第四节　肉用山羊常见寄生虫病的防治……………… 160

第五节　肉用山羊常见普通病的防治………………… 172

参考文献……………………………………………… 186

第一章　肉用山羊品种特征

中国是世界山羊生产大国，山羊品种资源丰富，山羊数量居世界首位。2011 年《中国畜禽遗传资源志·羊志》收录羊遗传资源 140 个，其中山羊 69 个；山羊中包括地方品种或资源 58 个，培育品种 8 个，引进品种 3 个。本章着重介绍四川主要肉用山羊品种或资源。

第一节　肉用山羊培育品种

一、南江黄羊

1. 培育地区的生态条件

南江黄羊原产于四川省巴中市南江县，通江县、巴州区、平昌县等县区均有分布。

产区地处四川大巴山南麓，四川盆地北部边缘，川、陕交界处，海拔 208.3～2 507 m，四季分明，雨量充沛，光照适宜，属亚热带湿润气候。年均气温 16.2℃。1 月最冷，平均气温 5.2℃，极端最低温－7.5℃；7～8 月最热，平均气温 27.3℃，极端最高温 39.5℃。降雨量 1 120.7 mm，蒸发量 1 438.8 mm，相对湿度 72%。无霜期 236～326d，年日照时数 1 563.3h。产区具有明显的立体气候特点，春迟秋早，夏短冬长，常有伏旱，秋雨连绵，隆冬降雪。

2. 培育过程

南江黄羊是通过引进成都麻羊、含努比羊血缘的杂种羊及金堂黑山羊与当地山羊进行复杂杂交，经过 40 余年的选育而成的肉用山羊新品种。1996 年通过国家畜禽遗传资源管理委员会审定，1998 年通过农业部批准并正式命名，是我国培育的第一个肉用山羊新品种。

3. 体型外貌与体重体尺

南江黄羊全身被毛黄色，毛短富有光泽。颜面黑黄，鼻梁两侧有一对称的浅黄色条纹。公羊颈部及前胸被毛黑黄粗长。枕部沿背脊有一条黑色毛带，十字部后渐浅。头大小适中，大多数有角，少数无角。耳较长或微垂，鼻梁微隆。公、母羊均有毛髯，少数羊颈下有肉髯。颈长短适中，与肩部结合良好；胸深而广、肋骨开张；背腰平直，尻部倾斜适中；四肢粗壮，蹄质坚实。体质结实，结构匀称。体躯略呈圆桶形。公羊额宽，头部雄壮，睾丸发育良好。母羊颜面清秀，乳房发育良好。

南江黄羊平均初生重：公羔 2.3 kg，母羔 2.2 kg；双月断奶体重：公羊 12 kg，母羊 10 kg；周岁体重：公羊 35 kg，母羊 28 kg；成年体重：公羊 60 kg，母羊 42 kg。南江黄羊周岁体高：公羊 60 cm，母羊 56 cm；成年体高：公羊 72 cm，母羊 65 cm。

4. 产肉性能

在放牧与补饲条件下，12 月龄公羊、母羊胴体重分别为 14.3 kg、13.5 kg，屠宰率分别为 47.6%、48.3%，净肉率分别为 37.7%、37.40%。据测定，周岁阉羊肌肉水分

77.5%，干物质22.5%，蛋白质20.56%，脂肪0.92%，灰分1.02%，热量5 411.24 kcal/kg。

5. 繁殖性能

母羊的初情期3～5月龄，公羊性成熟期5～6月龄。初配年龄：公羊10～12月龄，母羊8～10月龄。母羊常年发情，发情周期为19.5±3d，发情持续期34±6h，妊娠期148±3d，初产产羔率140%，经产产羔率200%。高繁品系平均产羔率220.83%。

6. 适应性

南江黄羊较耐寒、耐粗饲，采食力与抗逆力强，适应范围广，不仅适应我国南方亚热带农区，也适应北方亚热带向北温带过渡的暖温带湿润、半湿润生态类型区。主要适合放牧和放牧加补饲饲养。十多年来，南江黄羊大量推广到全国二十多个省市，反映良好。据研究资料分析，南江黄羊与国内许多山羊品种杂交，体重的改进率为26.3%～165.1%，杂交优势明显。

二、简州大耳羊

1. 培育地区的生态条件

简州大耳羊原产于四川省简阳市，相邻的资阳雁江区、乐至县等也有分布。

产区海拔高度630～1 050 m，平均海拔高度840 m。最高温度38.7℃，最低温度−5.4℃，年均气温17.1℃，年降雨量882.9 mm。相对湿度77%，无霜期300d。土质为紫色土、黄壤土、冲积土、水稻土四类。农作物主要有水稻、玉米、红薯、小麦、豌豆、蚕豆、花生及其他杂粮。草地以灌丛草地、

林间草地、田间草地为主，约150万亩（1亩＝667m²）。

2．培育过程

简州大耳羊是由简阳本地山羊引入努比山羊血缘，经长期选育形成的优良山羊品种。20世纪40年代，华西医科大学将美国赠送给宋美龄的10只努比山羊放在简阳市龙泉山脉一带改良本地山羊。由于努×本杂种后代具有生长速度快、肉质好、体格大、产肉性能好、膻味轻等优点，因此深受当地养羊户和消费者欢迎，含有努比山羊血源的个体便自发地在龙泉山脉一带繁殖发展。1998年启动简阳大耳羊的品种选育工作，四川省畜禽品种审定委员会2004年审定通过并命名为简阳大耳羊，2013年3月农业部正式命名为简州大耳羊，是我国培育成功的第二个肉用山羊新品种。

3．体型外貌与体重体尺

简州大耳羊被毛为黄褐色，腹部及四肢有少量黑色，富有光泽。在冬季，被毛内层着生有短而细的绒毛。头中等大小，有角或无角，公羊角粗大，向后弯曲并向两侧扭转，母羊角较小，呈镰刀状。耳大下垂，鼻梁微拱，成年公羊下颌有毛髯，部分有肉髯。体型大，体质结实，全身各部位结合良好，体躯呈长方形，颈长短适中，背腰平直，四肢粗壮，蹄质坚实。公羊体态雄壮，睾丸发育良好、匀称，母羊体形清秀，乳房发育良好，多数呈球形。

周岁体重：公羊47 kg，母羊35 kg；体高：公羊70 cm，母羊66 cm；成年体重：公羊70 kg，母羊47 kg；体高：公羊76 cm，母羊68 cm。

4．产肉性能

阉羊在放牧和补饲条件下，6月龄、12月龄胴体重分别为 13.11 kg、20.68 kg，屠宰率分别为 47.63%、48.09%，净肉率分别为 36.66%、38.05%。成年公羊、母羊的胴体重分别为 35.41 kg、21.91 kg，屠宰率分别为 51.98%、49.20%，净肉重分别为 27.34 kg、16.89 kg，净肉率分别为 40.14%、37.93%。

5. 繁殖性能

性成熟年龄：公羊 4.5 月龄，母羊 4 月龄。初配年龄：母羊 6~7 月龄，公羊 8~10 月龄。发情周期 19.66d，发情持续期为 48.62h，妊娠期 148.66d，年产 1.75 胎，产羔率，初产母羊 153%，经产母羊 242%。

6. 适应性

简州大耳羊具有良好的适应能力，适应范围较广，体质健壮，耐粗放管理，采食能力强，抗病力强。

第二节　肉用山羊地方品种资源

一、成都麻羊

1. 原产地生态条件

成都麻羊，亦称四川铜羊，为肉皮兼用型品种。中心产区位于成都市的大邑、双流，分布于邛崃、崇州、新津、龙泉驿、青白江、都江堰、彭州、汶川等市（县、区）。

产区海拔 385~5 346 m。平原、丘陵、山区面积分别占 40.1%、27.6%、32.3%。年平均温度在 15.2~16.6℃，无霜期 337d 以上。年降水量 900~1 300 mm，主要集中在 7~8 月。年日照时数 1 042~1 412 h，太阳辐射总量 80.0

$kcal/cm^2$，相对湿度 82%。土壤以灰色及灰棕色潮土的平原冲积土为主，占 50% 左右，低山及丘陵紫色土占 20%。农作物品种较全，水稻、小麦、油菜、蔬菜、水果等种植面大，产量较高。

2. 体型外貌与体重体尺

成都麻羊毛短，有光泽，冬季内层着生短而细密绒毛。体躯被毛呈麻麻色（彩色），或称褐色或古铜色。单根纤维上段和下段为黑色，中段为褐色。肩背部有"十字架"，并具有"画眉脸"特征。腹部被毛颜色较浅，呈浅褐色或淡黄色。体质结实，体型较大，全身各部结合良好。头大小适中，耳为竖耳，额宽微突，鼻梁平直。多有角，呈镰刀状。公羊及多数母羊下颌有毛髯，部分羊颈下有肉髯。颈长短适中，背腰宽平，尻部略斜。四肢粗壮，蹄质坚实。公羊前躯发达，体型呈长方形，体态雄壮，睾丸发育良好。母羊后躯深广，体型较清秀，略呈楔形，乳房发育良好，呈球形或梨形。

周岁体重：公羊 29 kg，母羊 25 kg；体高：公羊 58 cm，母羊 54 cm。成年体重：公羊 43 kg，母羊 39 kg；体高：公羊 66 cm，母羊 61 cm。

3. 产肉性能

在放牧和补饲条件下，12 月龄公羊、母羊胴体重分别达到 13.97 kg、12.79 kg，屠宰率分别为 46.22%、42.48%，净肉率分别为 36.06%、36.81%。成年公羊、母羊胴体重分别达 18.77 kg、19.06 kg，屠宰率分别达 46.40%、46.97%，净肉率分别为 38.25%、39.00%。

4. 繁殖性能

性成熟年龄：公羊 6 月龄，母羊 6 月龄。初配年龄：公羊 8 月龄，母羊 8 月龄。发情周期 20d，妊娠期 148d，年产 1.7 胎，经产母羊平均产羔率 239.5%。

5. 适应性

成都麻羊具有体型较大，生长快，繁殖性能高，适应性和抗病能力强，遗传性能稳定，耐湿热，耐粗饲，食性广，适宜农区和山区饲养。

二、川中黑山羊

1. 原产地生态条件

川中黑山羊分为金堂型、乐至型，中心产区位于金堂县、乐至县，分布于中江、雁江、青白江等县区。

产区位于北纬 30°02′~ 30°50′，东经 104°40′~ 105°17′，属于亚热带湿润气候区。海拔高度 385 ~ 1 046 m，年平均气温 16.7 ~ 17.3℃，降雨量 844 ~ 920.5 mm，无霜期 289d。农副产品丰富，野生植被茂盛，生长季节长。产区群众历来有养羊积肥及宰羊食肉习惯，且喜欢饲养黑山羊。

2. 体型外貌与体重体尺

川中黑山羊全身被毛黑色，具有光泽，冬季内层着生短而细密的绒毛。头中等大小，有角或无角，耳中等偏大，有垂耳、半垂耳、立耳。公羊鼻梁微拱，母羊平直。成年公羊下颌有毛髯，成年母羊部分颌下有毛髯，部分羊颌下有肉髯。体型较大，体质结实，全身各部结合良好。颈长短适中，背腰宽平，四肢粗壮，蹄质坚实。公羊体态雄壮，前躯发达，睾丸发育良好。母羊后躯发达，肌肉发育良好，乳房发育良好，呈球形或梨形。乐至型中少数羊头顶部有"栀子花"样白毛。

周岁体重：公羊 43 kg，母羊 36 kg；体高：公羊 65 cm，母羊 61 cm。成年体重：公羊 68 kg，母羊 49 kg；体高：公羊 77 cm，母羊 68 cm。

3. 产肉性能

12 月龄公羊、母羊胴体重分别为 21.12 kg、17.84 kg，屠宰率分别为 49.94%、47.58%，净肉率分别为 37.5%、35.65%。

4. 繁殖性能

性成熟年龄：公羊 4 月龄，母羊 4~5 月龄。初配年龄：母羊 5~6 月龄，公羊 8~10 月龄。发情周期 18~22d，妊娠期 146~153d。母羊年产 1.7 胎，经产母羊平均产羔率金堂型 245.4%、乐至型 252.0%。

5. 适应性

川中黑山羊具有体质健壮、耐粗饲、繁殖力强、产肉性能好、抗病力强等特点，适合山区和农区饲养。

三、北川白山羊

1. 原产地生态条件

产区主要分布在以羌、藏民族聚居为主的地方。中心产区位于北川县，与北川县相邻的平武县、江油市、安县、茂县、汶川县、松潘县等县市也有分布。

北川县海拔 800~2 500 m，年均气温 11.2℃，无霜期 276d，降雨量 760~1 470 mm。农作物主要品种有玉米、马铃薯、小麦、水稻、红薯、黄豆、荞麦、油菜、花生等。

种植的牧草有黑麦草、苜蓿、白三叶、天星苋、光叶紫花苕，同时种植萝卜及其他蔬菜。

2. 体型外貌与体重体尺

北川白山羊被毛白色，毛短而粗，成年公羊头、颈、胸及四肢外侧被毛较长。体型长方形，结构紧密。公羊体型较大，外貌雄壮，母羊外貌清秀。头小方正，成年公、母羊均有胡须。颈部略长，肌肉发达。体躯呈圆筒形，前胸宽深，背腰平直，臀中部丰满，尻部略斜。四肢粗壮，略短，蹄质坚实。尾长 8 ~ 10 cm，尾小上翘。周岁公羊体重 33 kg，体高 60 cm；母羊体重 24 kg，体高 50 cm。成年公羊体重 52 kg，体高 65 cm；母羊 40 kg，体高 61 cm。

3. 产肉性能

12 月龄公羊、母羊胴体重分别为 15.2 kg、11.80 kg，屠宰率分别为 47.80%、46.10%，净肉率分别为 40.10%、39.60%。成年公羊、母羊的胴体重分别为 25.1 kg、19.4 kg，屠宰率分别为 53.1%、49.3%，净肉率分别为 49.30%、34.00%。

4. 繁殖性能

性成熟年龄：公羊 3 月龄，母羊 4 月龄。初配年龄：母羊 10 月龄，公羊 6 月龄。发情周期 21d，发情持续期 48h，妊娠期 146d，年产 1.78 胎，产羔率 192%，羔羊成活率 90%。

5. 适应性

北川白山羊遗传性能稳定，体型外貌一致，体躯紧凑，体质结实，蹄质坚实，适应性强，杂交改良效果明显。周岁体重、体尺，尤其是胸围发育好，是我国白山羊品种中较为突出的品种，适合山区放牧和半舍饲养殖。

四、板角山羊

1. 原产地生态条件

板角山羊中心产区位于四川万源市。产区海拔 500～2 384 m，境内山势陡峭，沟狭谷深，草场及灌丛较多。高山多为石灰岩层构造，一般坡度在 50°左右。年最高气温 38.8℃，最低气温 -4℃，平均气温 13.8℃。相对适度 64.5%～73%，无霜期 196～254d，降水量 894.2～1 693 mm，但分布不均，春季占 31.8%，夏季占 43.2%，秋季占 21.8%，冬季占 3.2%，风力 5～7 级。总面积 490 km²，农耕面积 7.51 万亩，林地面积 21.1 万亩。大部分地区稻、麦两熟，主产玉米、红薯、豆类、小麦、马铃薯、蚕豆、豌豆、油菜等。

2. 体型外貌与体重体尺

板角山羊被毛以白色为主，黑色、杂色个体较少。头中等大小，耳大直立，鼻平直，额凸，公、母羊均有胡须。颈长短适中，公羊前躯发达，母羊后躯较丰满。体躯呈椭圆桶形。四肢健壮，蹄质坚实，呈淡黄白色或褐色。周岁公羊体重 39 kg、体高 58 cm，母羊体重 26 kg、体高 53 cm；成年公羊体重 47 kg、体高 63 cm，母羊体重 37 kg、体高 54 cm。

3. 产肉性能

12 月龄公羊、母羊胴体重分别为 19.90 kg、11.95 kg，屠宰率分别为 50.40%、48.20%，净肉率分别为 40.10%、32.10%。成年公羊、母羊的胴体重分别为 25.30 kg、14.23 kg；屠宰率分别为 52.30%、46.50%；净肉率分别为 39.70%、33.33%。

4. 繁殖性能

性成熟年龄：公羊 5～6 月龄，母羊 5～6 月龄。初配年龄：母羊 10 月龄，公羊 12 月龄。发情周期 21d，发情持续期 36～72h，妊娠期 152.5d，产羔率 151.88%。

5. 适应性

板角山羊具有良好的产肉、产皮性能，耐粗饲，遗传性能稳定，抗病力强，适宜山区养殖。

五、古蔺马羊

1. 原产地生态条件

古蔺马羊中心产区位于古蔺县，相邻的叙永、兴文、长宁等地也有分布。

古蔺县位于四川南部边缘，与云贵高原接壤，东经 105°36′～106°35′，北纬 27°40′～28°20′。海拔 300～1 843 m，境内山峦起伏，河谷交错，兼有低山、中山、高山区，总面积 3 182.5 km²，宜牧草山和灌木丛占总面积的 1/3。产区年平均气温 13.5℃，最低温度 –5℃，最高温度 38℃，降水量 1 100 mm，相对湿度 83%，无霜期 232d，日照 1 100h。农作物有水稻、玉米、小麦、高粱、大豆、荞子和各种薯类。耕地面积 70 万亩，饲料作物面积约占 30%。青草季节长，天然草场多为亚热带次生灌丛草地和灌林地，山羊可采食的灌木有 80 多种，各种杂草 48 科 126 种。产区群众喜欢养羊，民间尚有去势育肥，吃烫皮羊肉的习惯。

2. 体型外貌与体重体尺

古蔺马羊被毛主要有两种颜色：一种为麻灰色，即每根毛纤维上段为黑色，下段为灰色，形成灰底显黑麻；另一种为褐黄色，即每根毛纤维上段为黑色，下段为褐色，群众称为茶褐羊。一般腹部毛色较体躯毛色浅，母羊被毛较短，公羊被毛较长，在颈部、肩部、腹侧和四肢下端多为黑灰色的长毛。公羊外貌雄壮，体态矫健；母羊外形清秀，性情温驯。体型近似砖块形。公、母羊大多数无角，形似马头。头部中等大，额微突，鼻梁平直，两耳向侧前方伸直，面部两侧各有一条白色毛带，俗称狸面。公、母羊均有胡须，颈长短适中，颈下有肉铃的约占1/5。胸部深宽，前胸发育良好，背部平直，腹大而不下垂，尻部略斜。四肢较高，骨骼粗壮，姿势端正。

周岁公羊体重33 kg、体高52 cm，母羊体重28 kg、体高51 cm；成年公羊体重46 kg、体高72 cm，母羊体重38 kg、体高63 cm。

3. 产肉性能

在放牧和补饲条件下，12月龄公、母羊胴体重分别为14.26 kg、11.38 kg，屠宰率分别为43.84%、40.25%，净肉率分别为30.62%、28.12%。成年公、母羊的胴体重分别为19.49 kg、14.42 kg，屠宰率分别为49.42%、48.03%，净肉率分别为40.77%、37.49%。周岁羊板皮面积5 896～7 905 cm^2，成年羊板皮面积8 200～8 990 cm^2。

4. 繁殖性能

公羊5月龄，母羊4月龄达性成熟。初配年龄：母羊6月龄，公羊7月龄。发情周期17～21d，妊娠期141～151d，年产2胎，平均产羔率175%。

5. 适应性

古蔺马羊体型较大、产肉多、膻味轻、板皮质量较好、适应力强，适应范围比较广，具有耐粗放管理和采食能力强等特点。

六、川南黑山羊

1. 原产地生态条件

川南黑山羊中心产区位于富顺县、荣县和江安县，分为自贡型和江安型。贡井、沿滩、大安、长宁、屏山、合江等县区也有分布。

产区位于四川盆地南部，东经 104°2′~105°55′、北纬 28°55′~29°38′。海拔 236.9~1 002 m，年平均气温 18.1℃，相对湿度 78%~83%，无霜期 320~350d。粮食作物主要有水稻、玉米、小麦、红薯、油菜等。

2. 体型外貌与体重体尺

川南黑山羊被毛全黑，毛短，着生绒毛；成年公羊颈部、肩部、股部披长毛，皮肤白色。体质结实，结构匀称，体格中等。头中等大小，鼻梁直，额较窄。自贡型中部分公羊额部有鬃毛。80% 以上羊有角，成年母羊角较粗，呈八字形；公羊角粗大，向后下弯曲，呈镰刀型。立耳。颈长短适中，成年羊有毛髯。胸部宽深、肋开张、背腰平直、荐部较宽、尻部较丰满、斜尻。四肢粗壮，结实匀称，蹄质坚实。

周岁体重：公羊 30 kg、母羊 26 kg，体高：公羊 57 cm、母羊 52 cm；成年体重：公羊 42 kg、母羊 33 kg，体高：公羊 65 cm、母羊 58 cm。

3. 产肉性能

在放牧和补饲条件下，12 月龄公、母羊胴体重分别为 14.5 kg、12.7 kg，屠宰率分别为 46.1%、45.4%，净肉率分别为 34.5%、33.8%。

4. 繁殖性能

公、母羊 4～5 月龄性成熟。初配年龄：母羊 8～10 月龄，公羊 6～8 月龄。发情周期平均 21d，妊娠期 148d，母羊年产 1.7 胎。母羊产羔率：初产 170%，经产 205%。

5. 适应性

川南黑山羊有较强的适应力，前期生长发育快，抗病力强，耐粗放管理，采食能力强，适合山区和丘陵地区饲养。

七、建昌黑山羊

1. 原产地生态条件

建昌黑山羊中心产区位于会理、会东、德昌县，凉山州其他县及攀枝花市的米易、盐边县均有分布。

凉山彝族自治州境内海拔 2 500 m 以下地区，气候温和，雨量充沛，物产丰富，草山面积大，植被覆盖度高。海拔 1 000~ 2 500 m，年均温度 10～17.6℃，降水量 1 100 mm，日照时数 1 800~ 2 200h，相对湿度为 69%～70%，无霜期 230d。粮食作物有水稻、玉米、小麦、大麦、黄豆、蚕豆、马铃薯、荞麦、燕麦。饲料作物有光叶紫花苕、黑麦草、白三叶、苜蓿、黄竹草等。

2. 体型外貌与体重体尺

被毛纯黑，以短毛居多，皮肤白色。体格中等，体质结实。公羊体态雄壮，母羊体态清秀。头呈三角形，额宽微突，鼻梁平直，立耳，公羊角较粗大，母羊角较小，微向后、上、外方向扭转。公母羊下颌有髯，少数羊颈下有肉垂。背腰平直，鬐甲部高于十字部。四肢粗壮，蹄质坚实呈黑色。周岁公羊体重 32 kg、体高 63 cm，母羊体重 29 kg、体高 61 cm；成年体重：公羊 42 kg、体高 65 cm，母羊体重 38 kg、体高 64 cm。

3. 产肉性能

12 月龄公、母羊胴体重分别为 10.76 kg、9.70 kg，屠宰率分别为 44.57%、44.91%，净肉率分别为 31.57%、32.73%。成年公、母羊的胴体重分别为 16.10 kg、13.96 kg，屠宰率分别为 49.69%、46.23%，净肉率分别为 38.27%、34.44%。

4. 繁殖性能

公羊 7~8 月龄、母羊 4~5 月龄性成熟。初配年龄：母羊 6~8 月龄，公羊 10~12 月龄。发情周期 20d，发情持续期 48.75h，妊娠期 149d，产羔率 156%。

5. 适应性

建昌黑山羊性成熟较早，肉质好，抗病力强，遗传性能稳定。行动灵活，能攀登峭壁，适应性强，抗病力强。

八、美姑山羊

1. 原产地生态条件

美姑山羊，又称巴普山羊，中心产区位于美姑县。

美姑县位于凉山彝族自治州东北部，东经 102°53′~103°21′，北纬 28°02′~28°54′。总面积 2 731.6 km²，耕地面积 24.3 万亩，农村人均占有耕地 1.69 亩。中心产区海拔 800~2 700 m，年平均气温 15℃，最低 -3~-5℃，最高 22℃，降雨量 800 mm 左右，日照 1 100h，无霜期 180d。

2. 体型外貌与体重体尺

美姑山羊被毛颜色多数为全黑，少数部分为花色，毛短。角为偏角，背腰平直，后腰略凹，后躯较发达。头部中等大，两耳短侧立，额较宽，鼻梁平直上嘴唇比下嘴唇略长，唇薄。颈部长短适中，颈肩结合良好。背腰平直，后躯较发达。四肢粗壮，蹄质结实，蹄冠黑色。周岁公羊体重 31 kg、体高 62 cm，母羊 28 kg、体高 57 cm；成年体重公羊 51 kg、体高 70 cm，母羊 41 kg、体高 64 cm。

3. 产肉性能

12 月龄公羊胴体重 16.02kg，屠宰率 51.33%，净肉率 39.83%。肉质细嫩，膻味轻，肉味鲜美可口。肌肉中粗蛋白质含量达 21.98%，粗脂肪含量 2.5%，灰分 1%，水分 74.55%。

4. 繁殖性能

公羊 8 月龄、母羊 6 月龄性成熟。初配年龄：母羊 7 月龄，公羊 9 月龄。发情周期平均为 18 ~ 22d，发情持续期 22 ~ 66h。母羊妊娠期 147 ~ 151d，产羔率 193.30%，羔羊成活率 92%。据 221 只母羊统计，母羊产羔率初产 140.06%，经产 215.25%。

5. 适应性

美姑山羊具有繁殖率高、前期生长发育快、产肉性能好等优点，耐粗饲，可放牧，可舍饲，容易饲养，采食范围大，抗病能力强，适合山区饲养。

第三节　肉用山羊引进品种——波尔山羊

一、波尔山羊产地及分布

波尔山羊原产于南非，现分布于新西兰、澳大利亚、美国、德国、加拿大、中国等国家。

二、引种过程

波尔山羊分为 5 个类型，即普通型、长毛型、无角型、土种型、改良型。世界各国引种的波尔山羊为改良型。中国于 1995 年 1 月首次从德国引入 25 只；1997 年以来，我国又从南非、新西兰、澳大利亚等国家引进波尔山羊，现已分布于四川、江苏、陕西等十多个省（市）。

三、体型外貌与体重

全身皮肤松软，颈部和胸部有较多的皱褶，尤以公羊为多。眼睑和无毛部分有色斑。全身毛细而短，有光泽，有少量绒毛。头颈部和耳棕红色。额端到唇端有一条白色毛带。体躯、胸部、腹部与前肢为白色，有的有棕红色斑。额部突出，鼻呈鹰钩状，角坚实且长度适中，耳宽下垂，背腰平直，胸宽深，四肢粗壮。母羊外貌清秀，乳房发育良好，有的有附乳头。公羊体态雄壮，睾丸发育良好。12 ~ 18 月龄体重：公羊 45 ~ 70 kg，母羊 40 ~ 55 kg。成年体重：公羊 80 ~ 100 kg，母羊 60 ~ 75 kg。

四、产肉性能

波尔山羊平均屠宰率 48.3% ，高的可达 56.2% 。

五、繁殖性能

羔羊初生重 3 ~ 4 kg。波尔山羊初配年龄 10 月龄以上，发情周期 19 ~ 21d，妊娠期 144 ~ 153d，经产母羊产羔率 193% ~ 225% 。常年发情，一年产 2 胎或二年产 3 胎。

六、适应性

波尔山羊是世界上优秀的肉用山羊品种，生长速度快、产肉量高、适应性好，推广到国内肉用山羊主产区表现出较好的效果。四川利用波尔山羊改良本地山羊效果显著，据波尔山羊改良简州大耳羊、仁寿本地山羊、川中黑山羊、南充黑山羊的效果统计，其杂种一代羊 6 月龄公羊体重达 27.33 ~ 30.69 kg，比本地公羊提高 44.24% ~ 94.38%；母羊体重 22.01 ~ 27.10 kg，比本地母羊提高 36.46% ~ 117.97%。

第二章 肉用山羊的生物学特性

第一节 肉用山羊的生活习性

一、合群性强

肉用山羊活泼好角斗，在长期的发展过中形成了合群的习性，喜群居，如果单独饲养往往表现不安。放牧时只要头羊带好路，其他羊则尾随而走。山羊的这种合群习性给生产带来了很大好处。

二、喜干燥，恶潮湿

适宜居住在干燥、向阳、空气流通的羊舍，适宜在干爽高燥的丘陵山地生活。在放牧场上，常常看到山羊喜欢在悬崖峭壁的高燥地方采食和躺卧，或攀登高山峻岭，奔走在陡坡或崎岖不平的山路上。在平原地区舍饲的山羊，也常喜欢攀登墙垣和耸立的物体，小山羊则喜欢跳跃到高处或横倒的树干上。因此，饲养时应为山羊架设离地羊床，保持羊舍干燥。

三、爱清洁，厌污浊

肉用山羊爱吃新鲜清洁的草，喜欢喝干净流动的水。山羊嗅觉灵敏，凭嗅觉来辨别草料和饮水的质量。在饲养管理上特别要注意清洁卫生，草料应放在草架饲槽上，不要丢在运动场或羊舍内，饮水应放在水槽里。

四、适应性强

在热带、亚热带地区和干旱的荒漠、半荒漠地区，山羊比其他家畜能更好地适应不良的生活条件。山羊是一种分布地区广的家畜，凡是饲养一般家畜的地区都能饲养山羊，甚至其他家畜难于生活的地区，山羊也能照常生存和繁殖。

五、活泼爱动，喜登高

在放牧地，山羊喜欢游走，善于登高，在山区的陡坡和悬崖上，山羊却行动自如。当高处有喜吃的野草或树叶时，山羊能将前肢攀在岩石或树干上，后肢直立去采食高处的野草或树叶，因此，群众常有"精山羊，疲绵羊"之说。

六、抗病力强

山羊抵抗疾病的能力很强，一般不易得病。若是得了病，在病的初期往往不容易被人发觉，一旦发现症状，则已是比较严重了。

七、采食面广

山羊的食性很阔，嫩枝、落叶、灌木、杂草、菜叶、果皮、藤蔓等都可作山羊的饲料，山羊采食饲料的种类远比其他家畜广泛，属于采食种类最多的家畜。

第二节 肉用山羊的消化特点

一、羔羊的消化特点

羔羊出生时的胃比较小，胃仅占全部消化道的22%，比成年羊胃小一半多（成年羊胃占全部消化道的49%）。这时前三胃都很小，以胃的整个重量百分率数值表示，初生羔羊前两胃仅占31%，第三胃占8%，真胃则占61%。羔羊这时整个胃的功能，基本上和单胃动物一样，只有真胃起消化作用。所以，饲养羔羊时，特别是初期，就要根据羔羊胃的特点，喂给营养价值高、纤维少、体积小、能量高、蛋白质水平高、品质好、各种营养物质完全、容易消化的饲料。

二、成年羊的消化特点

山羊是以食草为主的反刍动物，具有发达的消化器官，消化能力强，能较好地消化各种青粗饲料。消化机能特点如下：

（1）嘴尖、齿利、上唇薄。山羊的嘴较尖，上唇中央有一纵沟，增加了上唇的灵活性。上唇灵活，下颚门齿锐利，上颚具有坚硬而光滑的硬腭，咀嚼饲料的能力强。山羊口腔结构上这一特点有利于采食，因为山羊的采食主要在口腔，是以唇、齿、舌作为摄取食物的主要器官。

（2）山羊是复胃动物。山羊的胃分成四个室，即瘤胃、网胃、重瓣胃和皱胃（真胃）。与单胃动物相比，山羊不仅多了前三个胃室，而且胃的容积大，瘤胃的容积更大。同

时，在瘤胃中还存在着与山羊体共生的微生物，主要有纤毛虫和细菌。

山羊对饲料的消化首先依靠咀嚼和消化道肌肉收缩两种消化形式，它有助于饲料的粉碎，有利于消化道分泌的消化液中的酶类的化合消化作用，这有助于饲料中养分的分解；寄生在消化道中的微生物所分泌出的酶类的消化作用，实际上是一种细菌的分解过程，它可使饲料中的某些难被山羊体所吸收利用的营养物质的碳链进行分解和组合。咀嚼、消化道肌肉收缩等虽为高等动物所共有，然而真正有价值的，在山羊营养上起决定作用的还是微生物的消化。一般日粮中可消化干物质，有 70% ~ 85% 是由瘤胃微生物所消化。在营养水平较低的情况下，山羊瘤胃中的纤毛虫能提高饲料的消化率和利用率，使体内氮的沉积和挥发性脂肪酸都有显著增加。山羊采食饲料中的全部纤维素，在瘤胃被消化的达 78.9%，而在盲肠和结肠中被消化的仅为 11.6%。由此可见，瘤胃是山羊消化纤维素的主要器官。

（3）山羊的小肠长。小肠是山羊消化吸收营养物质的主要器官。小肠长意味着山羊消化吸收能力强，山羊的体长与肠长的比例为1:27。山羊的小肠、盲肠、结肠的总共平均绝对长度为 32.73m，而小肠就占了 26.2m，盲肠为 0.36m，结肠为 6.17m。山羊的小肠不仅长，而且弯曲，食物在体内滞留时间长，有利于对营养物质的吸收。

第三章　肉用山羊的繁殖技术

第一节　肉用山羊繁殖规律

一、性成熟与初配年龄

1. 初情期

山羊出生后，身体的各部分不断生长发育，当达到一定年龄后，脑垂体开始具有分泌促性腺素的机能，机体亦随之发生一系列复杂的生理变化。母羊的初情期是指母羊出生后第一次出现发情的时间；公羊初情期是指公羊初次出现性行为和能够射出精子的时间。山羊的初情期一般为4~6月龄。

2. 性成熟

性成熟是个连续的过程。通常把母羊具备完整周期性的发情排卵表现的时间，公羊生殖器官和生殖机能发育趋于完善、达到能够产生具有受精能力的精子，并有完全性行为能力的时间称为性成熟。母羊达到性成熟时，最显著的表现是具有协调的生殖内分泌机能，表现出有规律的发情周期和完全的发情症状、排出能受精的卵子，此时即具有繁衍后代的能力。公羊达到性成熟的年龄与体重增长速度呈一致的趋势。体重增长快的个体，其到达性成熟的年龄要比体重增长慢的个体来得早；群体中如有母羊存在，可促进性成熟提前。此外，品种、遗传、营养、气候和个体差异等因素均可影响达到性成熟的年龄。

3. 初配年龄

山羊的初次配种年龄应根据其生长发育情况而定，一般比性成熟晚。母羊在开始配种时的体重应为成年体重的70%左右；公羊交配年龄还应推迟，一般在一周岁以上。通常，公羊开始配种的年龄是在达到性成熟后推迟数月；母羊的适宜初配年龄一般也在12月龄左右。因为初配年龄和养羊生产的经济效益密切相关，即生产中要求越早越好。所以，在掌握适宜的初配年龄的情况下，不应该过分地推迟初配年龄，做到适时、及时配种。配种过早，会影响身体的正常生长发育，并且降低繁殖力。山羊在6～10月龄时性成熟，以12～18月龄开始配种为宜，此年龄即为公羊的初配年龄。

二、发情与配种

1. 发情

发情为母羊在性成熟以后，所表现出的一种具有周期性变化的生理现象。母羊发情时表现为兴奋不安，反应敏感，母羊之间会互相爬跨，咩叫摇尾。同时，一般不抗拒公羊接近或爬跨，或者主动接近公羊并接受公羊的爬跨交配。在发情初期，性欲表现不甚明显，以后逐渐显著。排卵以后，性欲逐渐减弱，到性欲结束后，母羊则抗拒公羊接近和爬跨。外阴部充血肿大，柔软而松弛，阴道黏膜充血潮红，上皮细胞增生，前庭腺分泌增多，子宫颈开放，子宫蠕动次数增多，输卵管的蠕动、分泌和上皮纤毛的波动也增强。卵巢上有卵泡发育成熟，发育成熟后卵泡破裂，卵子排出。

母羊从开始表现上述特征到这些特征消失为止，这一时期叫发情持续期。山羊发情的持续时间平均为 40h。母羊的发情持续期与品种、个体、年龄和配种季节等有密切的关系。羊在发情期内，若未经配种，或虽经配种但未受孕时，经过一定时期会再次发情表现。

2. 发情周期

通常把由上次发情开始到下次发情开始的期间，称为发情周期。母羊达到性成熟年龄以后，其卵巢出现了周期性的排卵现象，生殖器官也周期性发生一系列变化，这种变化按一定顺序循环进行，一直到性机能衰退以前，表现为周期性活动。把前后两次排卵期间，整个机体和它的生殖器官所发生的复杂生理变化过程称为发情周期。山羊的发情周期平均为 21d。发情周期同样受品种、个体和饲养管理条件等因素的影响。根据一个发情周期中生殖器官所发生的形态、生理变化和相应的性欲表现，将发情周期分为 4 个阶段，即发情前期、发情期、发情后期和休情期。

（1）发情前期：这一时期的特征是，上一次发情周期形成的黄体进一步呈退行性变化，逐渐萎缩，卵巢中有新的卵泡发育、增大，子宫腺体略有增殖，生殖道轻微充血肿胀，子宫颈稍开放，阴道黏膜的上皮细胞增生，母羊有轻微发情表现。

（2）发情期：此时母羊性欲进入高潮，接受公羊的交配或爬跨。这一时期卵泡发育迅速，外阴部充血，肿胀加剧，子宫颈张开，有较多黏液排出，在发情期末排卵。由于卵泡分泌大量雌激素，此期母羊发情表现最明显。山羊

属于自发性排卵动物，即卵泡成熟后自行破裂排出卵子。

（3）发情后期：这个时期，母羊由发情盛期转入静止状态。生殖道充血逐渐消退，蠕动减弱，子宫颈封闭，黏液量少而稠，发情表现微弱，破裂的卵泡开始形成黄体。

（4）休情期：母羊的交配欲已完全停止，其精神状态已恢复正常。卵巢上的黄体形成，并分泌孕激素。

3. 配种

在繁殖季节中，母羊发情后要适时配种，才能提高受胎率。山羊发情的持续时间平均为40h，排卵时间是在发情开始后30～36h，卵子在输卵管内保持受精能力的时间为12～24h，精子进入母羊生殖道内保持受精能力的时间为24～48h。由此推断，母羊发情后12～24h配种最适宜，过早或过晚都不适宜。一般情况下，早晨发现母羊发情可在当天下午配种1次，第二天早晨再配种1次，这样比较有把握配上种。如果母羊发情不明显，未观察到准确发情时间，可用公羊试情，将公羊放去接近母羊，它不拒绝，就可认为适于配种。

三、妊娠与分娩

1. 受精和妊娠

受精是指精子进入卵细胞，二者融合成一个细胞——合子（受精卵）的过程。羊属于阴道射精型动物，即交配时精液射在阴道内子宫颈口的周围。随后精子由射精部位运行到受精部位——输卵管壶腹部，经过一系列生理反应过程，完成精子和卵子的融合，形成受精卵。

母羊发情后，通过适时配种并受精便进入妊娠期（怀孕期），山羊一般为149d（143～163d），因品种不同而有差异。妊娠期还受年龄、季节的影响，一般春季怀孕的比秋季怀孕的短，经产母羊比初产母羊妊娠期短。在这个时期，受精卵经过急剧的细胞分化和强烈的生长，发育成具有器官系统完整及复杂结构的有机体。

母羊怀孕后的表现为：母羊发情配种后到了下一个发情期不再表现发情征状，一般认为已经怀孕了。配种一个月后，阴户干燥并收缩，颜色发紫，阴道内流出透明而略带黄色的黏液，随着怀孕时间的增加，母羊食欲逐步旺盛，休况变好，性情变得温顺，腹部逐渐变圆大，初产母羊乳房明显发育长大。怀孕140d左右，腹部急剧增大，乳房开始膨胀，阴户肿大松弛。临产前几天表现出腰窝下陷，腹部下垂，乳房膨大，阴户肿胀，并流出黏液，尾根两侧肌肉松弛，向内塌陷。母羊行走缓慢，频频排尿，起卧不安，有时独卧墙角，不时回头望腹，鸣叫。临产当天，母羊不愿走动，不断努责和鸣叫，此时即将产羔，应将母羊送入产房或产圈。

实践中，羊的妊娠期一般按150d左右计算。通常用公式法推算，就是用配种月份加5，配种日期减2。如：某一只羊3月23日配种，预产期为$3+5=8$（月），$23-2=21$（日）。那么，这只羊的预产期是8月21日。如果配种月份加5超过12个月，将年份推迟一年，即把该年月份减去12个月，余数就是来年预产月。

2. 分娩

妊娠母羊将发育成熟的胎儿和胎盘从子宫中排出体外的生理过程即为分娩或产羔。母羊产羔日期，可根据配种日期推算。对临产前半月的母羊要经常注意观察，发现临产征状应停止放牧，留在产羔圈内饲养待产。预产前 10d 左右要将产羔圈清扫消毒，铺好垫草。对临产的母羊，白天晚上都要仔细观察，精心管理，准备好消毒药物用品、器械。

母羊分娩前，机体的一些器官在组织和形态方面发生显著变化，其行为也与平时不同，这一系列的变化是为了适应胎儿的产出和新生羔羊哺乳的需要。同时还可根据这些征兆来预测母羊大致的分娩时间，以做好接羔等方面的工作。

母羊临近分娩时，阴唇逐渐柔软、肿胀，皮肤上的皱纹消失，越接近产期越表现潮红。阴门容易张开，卧下时更加明显。生殖道黏液变稀，子宫颈黏液栓也软化，滞留在阴道内，并经常排出阴门外。母羊精神状态显得不安，回顾腹部，时起时卧。躺卧时后肢不向腹下曲缩，而呈伸直状态。排粪、排尿次数增多。放牧羊只则有离群现象，以找到安静处，等待分娩。

母羊分娩过程可分为三个阶段，即子宫颈开口期、胎儿产出期和胎膜排出期。

（1）子宫颈开口期：从子宫角开始收缩，至子宫颈完全开张，使子宫颈与阴道之间的界限消失，这一时期称为开口期，需 1~1.5h。这期间母羊表现不安，时起时卧，食欲减退，进食和反刍不规则，有腹痛感。

（2）胎儿产出期：从子宫颈完全开张，胎膜被挤出并破水开始到胎儿产出为止的时期，称为产出期。此期间母羊表现高度不安，心跳加速，呈侧卧姿势，四肢伸展。此时胎囊和胎儿的前置部分进入软产道，压迫刺激盆腔神经感受器，除了子宫肌的阵缩以外，又引起了腹肌的强烈收缩，出现努责，在这两种动力作用下将胎儿排出。此期为 0.5～1h。羊的胎儿排出时，仍有相当部分的胎盘尚未脱离，可维持胎儿在产前有氧的供应，使胎儿不至于窒息。

（3）胎膜排出期：从胎儿产出到胎膜完全排出的时间称为胎膜排出期，需要 1.5～2h。当胎儿开始娩出时，由于子宫收缩，脐带受到压迫，供应胎膜的血液循环停止，胎盘上的绒毛开始萎缩。当脐带断裂后，绒毛萎缩更加严重，由于激素的作用，子宫又出现了阵缩，胎膜的剥落和排出主要靠阵缩，并且配合有轻微的努责。阵缩是从子宫角开始的，胎盘也是从子宫角尖端开始剥落，同时由于羊膜及脐带的牵引，使胎膜常呈内翻状排出。

最后要搞好母羊护理。母羊胎衣一般在产羔后 1h 左右即可自行排出，但应及时处理，以免母羊吞食。产后 1h 内应给母羊饮 1 次温水，然后再喂给少量优质干草或青草。母羊产羔后的一段时间内，应经常喂给饮水和易消化且营养丰富的饲料，以促使母羊体力加快恢复和提高泌乳量。

四、羔羊护理

1. 产羔前的准备

产羔工作开始前 3～5d，必须对产羔棚舍、运动场、饲草架、饲槽、分娩栏等进行修理和清扫，并用 3%～5% 的碱水或 10%～20% 的石灰乳溶液或其他消毒药品进行比较彻底的消毒。消毒后的接羔棚舍，应当做到地面干燥、空气新鲜、光线充足、挡风御寒。有条件的羊场及农、牧民饲养户，应当为冬季产羔的母羊准备充足的青干草、质地优良的农作物秸秆、多汁饲料和适当的精料等；对春季产

羔的，也应准备至少可以舍饲15d所需要的饲草饲料。

产羔母羊群的主管牧工及辅助接羔人员，必须分工明确，责任落实到人。在接羔期间，要求坚守岗位，认真负责地完成自己的工作总任务，杜绝一切责任事故发生。对所有参加接羔的工作人员，在接羔前组织学习有关接羔的知识和技术。

2. 接羔

山羊多为顺产，难产的较少。母羊正常分娩时，在羊膜破后几分钟至30 min左右，羔羊即可产出。正常胎位的羔羊，出生时一般是两前肢及头部先出，并用头部紧靠在两前肢的上面。若是产双羔，先后间隔5～30 min，但也偶有长达数小时以上的，因此，当母羊产出第一只羔后，必须检查是否还有第二只羔羊。其方式是：以手掌在母羊腹部前侧适当用力颠举，如系双胎，可触感到光滑的羔体。

在母羊产羔过程中，非必要时一般不应干扰，最好让其自行娩出。但有的初产母羊因骨盆和阴道较为狭小，或双胎母羊在分娩第二只羔羊并已感疲乏的情况下，则需要进行助产。其方法是：人在母羊体躯后侧，用膝盖轻压其胈部，等羔羊嘴端露出后，用一手向前推动母羊会阴部，羔羊头露出后；再用一手托住头部，一手握住前肢，随母羊的努责向后下方拉出胎儿。若属胎势异常或其他原因难产时，应及时请有经验的兽医技术人员协助解决。

羔羊产出后，首先把其口腔、鼻腔里的黏液掏出擦净，以免呼吸困难、吞咽羊水而引起窒息或异物性肺炎。羔羊身上的黏液，最好让母羊舔净，这样对母羊认羔有好处。

如母羊恋羔性弱时，可将胎儿身上的黏液涂在母羊嘴上，引诱它舔净羔羊身上的黏液。如果母羊不舔或天气寒冷时，可用柔软干布迅速把羔羊擦干，以免受凉。如碰到分娩时间较长，羔羊出现假死（羔羊无呼吸有心跳）情况时，欲使羔羊复苏，一般采用两种方法：一种是提起羔羊两后肢，使羔羊悬空，同时拍及其背胸部；另一种是使羔羊卧平，用两手有节律地推压羔羊胸部两侧。暂时假死的羔羊，经过这种处理后，即能复苏。

羔羊出生后，一般情况下都是由自己扯断脐带。在人工助产下娩出的羔羊，可由助产者断脐。断脐前可用手把脐带中的血向羔羊脐部捋几下，然后在离羔羊肚皮 3 ~ 4 cm 处剪断脐带并用碘酒消毒。

3. 羔羊护理

羔羊出生时，身体各器官发育都未成熟，体质较弱，适应力较差，极易发生死亡，这一阶段是羊一生中饲养难度最大的时期。为了提高羔羊成活率，减少发病死亡，需对羔羊进行特殊的护理工作。在具体工作中，应遵循"三防四勤"的原则，即防冻、防饿、防潮和勤检查、勤配奶、勤治疗、勤消毒。

初生羔羊体温调节能力差，对外界温度变化极为敏感，因而对冬羔及早春羔必须做好初生羔羊的防寒保暖工作。待产室要温暖适宜，舍内温度要保持在 25℃ 以上。温度低时，应设置取暖设备，地面铺上一些御寒的材料，如柔软的干草、麦秸等，并注意检查门窗是否密闭，墙壁不应有透风的缝隙，防止因贼风侵袭造成羊只患病和其他不必要的损失。

羔羊在出生后半小时内要吃上初乳，随后 3 ~ 5d 内要吃好初乳，这对羔羊早期的健壮和生长发育有重要作用。因初乳（母羊产后 5 ~ 7d 内分泌的乳汁）含有丰富的蛋白质、维生素、矿物质等营养物质，其中镁盐还有促进肠道蠕动和排出胎粪的功能。更重要的是初乳中含有大量免疫球蛋白——抗体，而羔羊本身尚不产生抗体，初乳作为羔羊获取抗体的重要来源，对增强羔羊的体质、预防疾病具有重要的作用，及时吃到初乳是提高羔羊抵抗力和成活率的关键措施之一。要保证初生羔羊在 30 min 内吃到初乳。由于母羊产后无奶或母羊产后死亡等情况，吃不到自身母羊初乳的羔羊，也要让它吃到代乳羊的初乳，否则很难成活。

在母羊缺奶时，要采取如下措施，才能保证羔羊的正常生长发育。一是要给母羊饲喂精料，多汁饲料如萝卜、豆浆水等，提高母羊泌乳量；二是要为缺奶羔羊补喂鲜奶，注意定质、定量和定时，奶的温度要在 38 ~ 42℃，特别注意清洁卫生；三是要找保姆羊代哺，选奶多的母羊做保姆，方法是将保姆羊的乳汁或尿液涂于羔羊臀部，将保姆羊和羔羊关在一起，隔一定时间，羔羊即可自行哺乳。

对于一胎多羔母羊，要采用人工辅助方法，让每一只羔羊吃到初乳；对一胎产三羔以上的母羊，也要为多出自然哺育能力的羔羊找好保姆羊，尽可能使每只羔羊成活，否则一胎多羔也就失去了意义。对于大型羊场，可以购置专门的设备进行人工哺乳。

母羊产后 3 ~ 7d，母羊和羔羊应在产羔室内生活。一方面可让羔羊随时哺乳；另一方面可促使母仔亲和、相认。对于有条件的羊场，母仔最好一起舍饲15～20d，这段时间羔羊吃奶次数多，几乎隔一个多小时就需要吃1次奶。20d以后，羔羊吃奶次数减少，可以让羔羊在羊舍饲养，白天母羊出去放牧，中午回来奶1次羔，保证羔羊一天吃3次奶。

采用人工哺乳时，搞好人工哺乳各个环节的卫生消毒对羔羊的健康和生长发育非常重要。喂养人员在喂奶前要洗净双手，平时不接触病羊，尽量减少或避免接触被污染的草料和用具。出现病羔应及时隔离，由专人管理。迫不得已病羔和健康羔都由一个人管理时，应先喂健康羔，再喂病羔，并且喂完后马上洗净消毒手臂，脱下衣服，开水冲洗消毒处理。羔羊所食奶粉、饮水、草料等都应注意卫生。奶粉、豆粉等溶解后应用四层纱布过滤，在喂前煮沸消毒。奶瓶等用具应保持清洁卫生，喂完后即冲洗干净。饲喂病羔的奶瓶在喂完后要用高锰酸钾等消毒，再用清水冲洗干净。采用机械哺乳时，喂奶器械必须经常清洗和严格消毒。

哺乳期羔羊适应环境的能力还较差，放牧员要细心管理，防止冬季冻死、夏季淹死、母羊压死、兽害、丢失被盗等造成的意外损失。

第二节 肉用山羊配种方法

一、配种方法

山羊的配种主要方式有两种：一种是自然交配，另一种是人工授精。

1. 自然交配

自然交配又称为本交。自然交配又分为自由交配和人

工辅助交配。

（1）自由交配：是按一定公母比例，将公羊和母羊同群放牧饲养，一般公母比例为1∶（15～20），最多1∶30。母羊发情期时与同群的公羊自由进行交配，这种方法又叫本交。其优点是：可以节省大量的人力物力，也可以减少发情母羊的失配率，对居住分散的家庭小型牧场很适合。但也有以下的不足之处：公母羊混群放牧饲养，配种发情季节，性欲旺盛的公羊经常追逐母羊，影响采食和抓膘；公羊需求量相对较大，由于公母混杂，无法进行有计划的选种选配，后代血缘关系不清，并易造成近亲交配和早配；不能记录确切的配种日期，也无法推算分娩时间，给产羔管理造成困难；由生殖器官交配接触的传染病不易预防控制。

（2）人工辅助交配：是平时把公母羊分开放牧饲养，经鉴定把发情母羊从羊群中选出来和选定的公羊交配。这种方法有利于选配工作的进行，可防止近亲交配和早配，也减少了公羊的体力消耗，有利于母羊群采食抓膘，能够准确记录配种时间，做到有计划地安排分娩和产羔管理等。人工辅助交配需要对母羊进行发情鉴定、试情和牵引公羊等，花费的人力、物力较多，可在羊群数量不大时采用。为确保人工辅助交配的受胎率，要选择适宜的配种时间，一般早晨发情的羊可以傍晚配种，第二天早晨复配一次；傍晚发情的羊，第二天早晨配种，傍晚复配一次。

2. 人工授精

山羊人工授精是指利用器械，采取公羊的精液，经过精液品质检查和一系列处理，再将精液输入到发情母羊的生殖道内，使卵子受精以繁殖后代。它是近代畜牧科技的重大成就之一。人工授精与自然交配相比，有以下优点：

（1）扩大优良种公羊的利用率。在自然交配时，公羊一次射精只能配一只母羊，如果用人工授精的方法，由于输精量少和精液可以稀释，公羊一次射精量，一般可供几只或几十只母羊授精之用。因此，应用人工授精方法，不但可以增加公羊的配种数量，而且还可以充分发挥优良种公羊的作用，迅速提高羊群质量。

（2）可以提高母羊受胎率。采用人工授精的方法，由于精液完全输送到母羊的子宫颈或子宫颈口，所以增加了精子与卵子结合的机会，同时也解决了母羊因阴道疾病或因子宫颈位置不正等所引起的不孕；再者，由于精液品质经过检查，避免了因精液品质的不良所造成的空怀。因此，采用人工授精可以提高受胎率。

（3）可以节省饲养大量种公羊的费用。例如，有适龄母羊3 000只，如果采用自然交配方法，则至少需要饲养种公羊80～100只，而如果采用人工授精的方法，在我国目前的条件下，只需要饲养10只左右即可，这样就节省了大量购买种公羊和种公羊的饲养管理费用。

（4）可以减少疾病的传播。在自然交配过程中，由于羊体和生殖器官有相互接触，就有可能把某些传染性疾病和生殖器官疾病传播开来。采用人工授精的方法，公、母羊不直接接触，器械经过严格消毒，这样就可以大大减少疾病的传播。

（5）异地配种，减少引种费用。由于现在科学技术的发展，公羊的精液可以长期保存和实行远距离运输。因此，对于进一步发挥优秀种公羊的作用，迅速改造低产养羊业的状况有着重要的作用。

二、人工授精技术

1. 准备工作

采精前，应做好各项准备工作，如采精器械和人工授精器械的消毒、种公羊的准备和调教、台羊的准备、假阴道的准备等。

采精、输精前，凡是和精液可能接触的器械均要作消毒处理。对新购进的金属器具必须先除去防锈油污，再用清水冲洗净，然后用蒸馏水冲洗 1 次，消毒备用。输精器械用 2% 的碳酸氢钠和 1.5% 的碳酸钠溶液反复冲洗后，再用清水冲 2~3 次，最后用蒸馏水冲洗后悬于室内，自然干燥。玻璃器械用蒸馏水洗净后，于 120℃ 左右的烘箱中烘干消毒。金属器械、纱布等可采用高压蒸汽灭菌。橡胶器械洗净后采用煮沸消毒。开腟器、镊子、瓷盘等，可用酒精火焰消毒，其他玻璃器皿、橡胶制品用 70% 的酒精消毒。毛巾、纱布和盖布等洗净后用蒸汽消毒。

配种开始前 1~1.5 个月，对参加配种的公羊，要进行精液品质的检查。一方面排出公羊生殖器中长期积存下来的衰老、死亡等活力较差的精子，促进种公羊的性机能活动，产生新精子。另一方面是及时掌握公羊精液品质状况，如发现多次采精的精液品质较差的情况，可及时采取其他的补救措施。如果是初次参加配种或采精的种公羊，在配种前 1 个月左右应有计划地进行调教。公羊阴茎包皮部分的长毛应剪短，将污物擦洗干净。

种公羊的精液用假阴道采取。假阴道为筒状结构，主要由外壳、内胎和集精杯组成。外壳是硬胶皮圆筒，长20 cm，直径4 cm，厚约0.5 cm，筒上有灌水小孔，孔上安有橡皮塞，塞上有气嘴。内胎为薄橡胶管，长30 cm，扁平直径4 cm。安装假阴道时先将内胎装入外壳，并使其光面朝内，而且要求两头等长，然后将内胎的一端翻套在外壳上，依同法套好另一端，此时注意勿使内胎有扭转情况，并使松紧适度，然后在两端分别套上橡皮圈加以固定。左手握住假阴道的中部，右手用量杯或吸水球将温水从灌水孔灌入，水温50～55℃，以采精时假阴道温度达40～42℃为目的。水量为外壳与内胎间容量的1/2～2/3，实践中常以竖立假阴道，水达灌水孔即可。最后装上带活塞的气嘴，并将活塞关好。用消毒玻璃棒（或温度计）取少许凡士林，由内向外涂抹均匀一薄层，其涂抹深度以假阴道长度的1/2为宜。从气嘴灌气，用消毒的温度计插入假阴道内检查温度，以采精时达40～42℃为宜，若过低过高可用热水或冷水调节。当温度适宜时灌气加压，使凡士林一端的内胎壁遇合，口部呈三角形为宜。最后用纱布盖好入口，准备采精。

2. 采精

在牵引公羊到采精现场后，不要使它立即爬跨台羊，要控制几分钟，再让他爬跨，这样不仅可增强其性反射，也可提高所采集精液的质量。公羊阴茎包皮周围部分，如有长毛，应事先剪短，如有污物应擦洗干净。

采精时，采精人员用右手握住假阴道后端，固定好集精杯（瓶），并将气嘴活塞朝下，蹲在台羊的右后侧，让假阴道靠近公羊的臀部，当公羊跨上母羊背部的同时应迅速将公羊的阴茎导入假阴道内，切忌用手抓碰摩擦阴茎。若假阴道内温度、压力、润滑度适宜，当公羊后躯急速向前用力一冲，即已射精，此时，顺公羊动作向后移下假阴道，并迅速将假阴道竖起，集精杯一端向下，然后打开活塞上的气嘴，放出空气，取下集精杯，用盖盖好，放在标有该羊号的工作台上，准备作精液品质检查。采精后，假阴道外壳、内胎及集精杯要洗净，用肥皂水洗刷，再用过滤开水洗3～4次，晾干备用。

3. 精液品质检查

对某一只种公羊来说，在一个配种季节里，至少要在前期、中期、末期各进行一次精液品质检查。主要检查精液的色泽、气味、射精量、活力、密度。公羊的每次射精量为0.5～2.0 ml，一般为1 ml。正常精液为乳白色、无味或略带腥味，凡是带有腐败味，呈红色、褐色、绿色的精液，不能用于输精。用300～600倍光学显微镜检查精子的密度和活力，密度为中（精子间孔隙为1～2个精子的长度），活力在0.6以上的精液才能做输精用。用肉眼观察新采得的公羊精液，可以看到由于精子活动所引起的翻腾滚动极似云雾的状态。精子的密度越大、活力越强，则云雾状越明显。

4. 精液的稀释

为了充分发挥种公羊的作用，检查合格的精液要做适当稀释。稀释的倍数要根据精子密度、活力而定，一般为原精液的1～4倍。需注意稀释后的精液，每毫升有效精子数不得少于0.7亿个。精液与稀释液混合时，二者的温度必须保持一致，以防止精子受温度剧烈变化的影响。稀释前可将精液和稀释液同置于20～25℃的水中，等到两种液体温度相同时，在室温与水温相同的情况下稀释。把稀释液沿着精液瓶缓慢倒入，为使混合均匀，可稍作摇动。在进行高倍稀释时需分两步进行，先低倍稀释，数分钟后再作高倍稀释。稀释后要做活力检查，若活力差要分析原因。稀释液配方应选择易于抑制精子活动，减少能量消耗，延长精子寿命的弱酸性液体。

若需大倍稀释，并保存一定时间和远距离运送的山羊精液，根据我国科研工作者在生产上大面积进行的研究和实践，可采用以下两种稀释液：

（1）柠檬酸钠1.4 g，葡萄糖3.0 g，新鲜卵黄20 g，青霉素10万IU，蒸馏水100 ml。

（2）柠檬酸钠2.3 g，氨苯磺胺0.3 g，蜂蜜10 g，蒸馏水100 ml。

上述稀释液稀释精液的倍数，若原精液每毫升精子密度10亿个，活率0.8以上，可进行10倍稀释；密度20亿个，活率0.9以上，可进行20倍稀释。然后用安瓿分装，用纱布包好，置于5～10℃的冷水保温瓶内贮存或运输，但在运输过程中，要防止震荡和升温。

5. 精液保存

为扩大优秀种公羊的利用效率、利用时间、利用范围，需要有效地保存精液，延长精子的存活时间。为此，必须降低精子的代谢，减少能量消耗。在实践中可采用降低温度、隔绝空气和稀释等措施，以达到保存精液的目的。

（1）常温保存：精液稀释后，保存在20℃以下的室温环境中。在这种条件下，精子运动明显减弱，可在一定限度内延长精子的存活时间。常温保存时间一般为1~2d。

（2）低温保存：在常温保存的基础上，进一步缓慢降温至0~5℃。在这个温度下，物质代谢和能量代谢降到极低水平，营养物质的损耗和代谢产物的积累缓慢，精子运动完全消失。低温保存的有效时间为2~3d。

（3）冷冻保存：精液的冷冻保存，是人工授精技术的一项重大革新，可长期保存精液。冷冻精液保存的主要过程为：稀释、平衡、冷冻等。冷冻方法分为安瓿冷冻法、颗粒冷冻法、细管冷冻法等。羊的精子由于不耐冷冻，冷冻精液受胎率较低，一般受胎率40%~50%，少数实验结果达到70%。

6. 输精

输精是羊人工授精的最后一个技术环节。适时而准确地把一定量的优质精液输到发情母羊的子宫颈口内，是保证母羊受胎、妊娠、产羔的关键。在人工授精开始前，应做好适当的准备工作，以保证整个过程快速、准确、连贯，尽量缩短精液在体外存留的时间。把发情母羊牵到输精架上，保定。并将其外阴部擦洗干净，消毒。生产中可采取一人背对羊头骑于母羊背上，抬起母羊的两后肢，其余人帮助固定好母羊，以便输精。常温或低温保存的精液，要在温水中升温到35℃左右，并在显微镜下检查精子的活力，符合要求才能输精。

输精人员将用生理盐水浸泡过的开腟器闭合，按母羊阴门的形状和生殖道的方向缓慢插入，然后转动 90°，打开开腟器。用手电筒光或其他光源寻找母羊的子宫颈口，将输精器前端缓慢插入子宫颈口内 0.5～1.0 cm，用拇指轻轻推动输精器的活塞，注入精液。一次输精的有效精子数应保持在 7 500 万个以上，因此，原精液量需要 0.05～0.1 ml 或稀释精液量 0.1～0.2 ml。如果是初配母羊，阴道狭窄，用开腟器无法打开时，可采取阴道输精的办法，但应相应地加大输精的剂量。刚输精后的母羊应休息 10 min 左右，不要立即驱赶或放牧，并注意观察是否有精液倒流。

在第一次输精后，间隔 8～12h 再重复输精一次。输精后的母羊要进行登记，包括母羊号、公羊号、输精时间等，以便于在下一个情期来临时观察该母羊是否返情，计算预产期，方便饲养管理。

第三节 肉用山羊繁殖新技术

一、发情控制

1. 同期发情

同期发情即利用某些激素制剂对母畜发情周期化处理的方法。山羊同期发情的常用方法为孕激素阴道栓塞法和前列腺素法。

孕激素阴道栓处理 7～16d 后取栓，撤栓当天或前一天肌注孕马血清促性腺激素（PMSG）350～700 单位。常用孕激素的种类及剂量为：孕酮 150～300 mg，甲羟孕酮 50～70 mg，甲地孕酮 80～100 mg，18 - 甲基 - 炔诺酮 30～

40 mg，氟孕酮 20 ~ 40 mg。

前列腺素法为给羊注射一次前列腺素必要时间隔 8 ~ 11d 后给羊再肌注一次前列腺素，每次用氯前列烯醇 0.20 mg，效果好。孕激素阴道栓与前列腺素法综合起来效果更好，可采用孕激素阴道栓处理 11d，撤栓前一天，肌注 PMSG 350 ~ 400 单位，同时肌注氯前列烯醇 0.20 ~ 0.40 mg。

2. 诱导发情

人为地诱导青年羊或非繁殖季节母羊发情配种，称诱导发情。诱导青年母羊提前发情的大量研究表明，适当提前母羊的初配年龄，对其生长发育无明显的不良影响，但对生产和育种则十分有利。一般青年母羊达成年羊平均体重的 60% ~ 65% 时即可进行初配。在一些国家，已把母羊的初配年龄提早到 6 ~ 9 月龄，从而母羊达到 11 ~ 14 月龄时即产羔。诱导青年母羊提前发情一般用孕酮 - PMSG 方法，即先用孕酮连续肌注 6 ~ 9d 或耳部皮下埋植或用孕激素阴道栓，后在结束前或结束时注射 PMSG 500 ~ 1 000 单位。母羊一般在处理结束后 1 ~ 2d 发情，在注射 PMSG 后 2 ~ 4d 再注射 500 单位人绒毛膜促性腺激素（HCG）可提高受胎率。诱导母羊在乏情季节发情，一般在乏情季节的中后期进行，尤以母羊正常配种季节到来之前 1 个月左右效果较好。常采用羔羊早期断奶、公羊效应、调节日照和孕酮 - PMSG 处理等方法相结合，效果较好。孕酮 - PMSG 法，即在非繁殖季节到来之前，用孕酮阴道栓处理 9 ~ 14d 后撤栓，肌注 PMSG 500 ~ 1 000 单位，一般注射后 30h 发情。

超数排卵，即以各种外源促性腺激素诱发卵巢上的多卵泡发育并排出具有受精能力的卵子的过程，称为超数排卵。超数排卵所使用的诱物有孕马血清促性腺激素（PMSG）、促卵泡素（FSH）、前列腺素（PG）、人绒毛膜促性腺激素（HCG）、孕激素等。近年研究表明，以 FSH 300～400 单位，3～4d 递减法注射，结合注射 PG 或氯前列烯醇的超排效果好。

二、胚胎移植技术

胚胎移植可最大限度地发挥在品种改良和育种中，快速增加良种后代，也可提高母畜产仔率。羊的胚胎移植技术已基本成熟，可以在生产中大量推广应用。近年来，生物技术飞速发展，家畜繁殖新技术也得到了前所未有的发展。目前，羊的细胞核移植（克隆）及体外受精、转基因等都有了新的发展。

三、诱发分娩

诱发分娩是指在妊娠末期的一定时间，注射某种激素制剂，诱发孕畜在比较确定的时间内提前分娩。它是控制分娩过程和时间的一项繁殖管理措施。使用的激素有皮质激素或其合成制剂，前列腺素及其类似物，雌激素、催产素等。山羊在妊娠 144d 时，肌内注射前列腺素 20 mg 或地塞米松 16 mg。妊娠母羊多数在 32～120h 产羔，而不注射上述药物的孕羊，197h 候才产羔。

第四节　提高肉用山羊繁殖力的主要方法

影响肉用山羊繁殖能力的因素不是单一存在的，有品

种、营养、气候、年龄、配种技术等因素。要提高繁殖能力，主要方法有以下几种。

一、多胎山羊品种的利用

羊的繁殖力是有遗传性的。选择种公羊一般通过其母亲的繁殖成绩和后裔测定来进行选择。选择母羊主要看其母亲的繁殖成绩。因山羊繁殖能力可以遗传的。一般母羊若在第一胎时生产双羔，则在以后胎次的生产中，产双羔的重复力较高。许多实验研究表明，为了提高产羔率，选择具有较高生产双羔潜力的公羊进行配种，比选择母羊在遗传上更为有效。另外，引入具有多胎性种羊的基因，也可以有效地提高羊只的繁殖力。因此，从羊只自身的遗传特性来提高繁殖率具有十分重要的意义。

二、实行密集产羔

在气候和饲养管理条件较好的地区，可以实行密集产羔，也就是使羊两年三产或三年五产。为了保证密集产羔的顺利进行，必须主要以下几点：一是必须选择健康结实、营养良好的母羊，年龄以 2~5 岁为宜，而且其乳房发育必须良好，泌乳量要求较高；二是要加强对母羊及其羔羊的饲养管理，母羊在产前和产后必须有较好的补饲条件；三是要从当地具体条件和有利于母羊的健康及羔羊的发育出发，恰当而有效地安排好羔羊的早起断奶和母羊的配种时间。

三、有计划地控制配种季节

炎热的夏季，公羊性欲减弱，精液品质下降，所生后代体质差；严寒冬季，母羊体况不良，不易发情或发情受胎率低，羔羊品质差。此外，山羊是草食家畜，饲草是山羊生长发育的物质基础，特别是新鲜的优质牧草，对山羊尤为重要。因此，山羊繁殖季节应选择气候较好，牧草充足或有较多农副产物的春秋季节。一般春配在 4 ~ 5 月，产羔在 9 ~ 10 月；秋配在 10 ~ 11 月，产羔在第二年的 3 ~ 4 月。应注意的是，一个配种季节应集中在较短的 1 ~ 2 个月内完成，时间不要拖得过长，这样产羔比较集中，有利于羔羊集中管理。

四、保持羊群中繁殖母羊的适宜比例

羊群结构主要是指羊群中的性别结构和年龄结构。从性别方面讲，有公羊、母羊和阉羊 3 种类型的羊只，羊群中母羊的比例越高越好；从年龄方面讲，有羔羊、周岁羊、2 岁羊、3 岁羊、4 岁羊、5 岁羊、6 岁羊及老龄羊。老龄母羊繁殖力逐渐下降，应当有计划地淘汰老弱病羊和不孕母羊，不断补充适龄母羊，努力提高壮年母羊的比例和质量，保持羊群中年龄由小到大的个体比例逐渐减少，形成有一定梯度的"金字塔"结构，从而使羊群始终处于一种动态的、后备生命力异常旺盛的状态。养羊业发达国家，育种群的适繁母羊比例在 70% 以上，我国广大农牧区则多在 50% 左右，从而限制了羊群的繁殖速度。因此，提高现有羊群中的适龄繁殖母羊比例还有很大潜力，也即完全有可能提高养羊生产中母羊群的产羔水平。山羊适宜繁殖的年龄为：公羊 1.5 ~ 5 岁，母羊 1.5 ~ 6 岁。

五、加强营养物质的供给

羊的繁殖力不仅要从遗传角度提高，而且在同样的遗传基础下，更应该注意外部环境对繁殖力的影响。这主要

涉及养羊生产者对羊只的饲养管理水平。营养好，母羊体况就好，能提早发情，多排卵；种公羊因营养好而体格健壮，配种能力强，精液品质好，可提高受胎率。

种公羊在配种季节与非配种季节均应给予全价的日粮。对公羊而言，良好的种用体况是基本的饲养要求。生产中可能重视配种季节的饲养管理，而放松对非配种季节的饲养管理，结果往往造成在配种季节到来时，公羊的性欲、采精量、精液品质等均不理想，轻者影响当年配种能力，重者影响公羊的一生配种能力。因此，必须加强公羊的饲养管理。但也要注意，种用体况并不是指公羊膘情越肥越好。种用体况是一种适宜的膘情状况，过瘦或过肥的体况都不是理想的种用体况。公羊良好种用体况的标志应该是：性欲旺盛，接触母羊时有强烈的交配欲；体力充沛，喜欢与同群或异群羊只挑逗打闹；行动灵活，反应敏捷；射精量大，精液品质好。

母羊是羊群的主体，是羊只生产性能的主要体现者，量多群大，同时兼具繁殖后代和实现羊群生产性能的责任。一般母羊的营养状况具有明显的季节性。枯草期和青草期其营养状况是不相同的；从母羊的生理状态讲，妊娠母羊、哺乳母羊及断奶后恢复期的母羊，其营养情况也不相同。草料不足，饲料单一，尤其缺少蛋白质和维生素，是羊只不发情的主要原因。为此，对营养中下等和瘦弱的母羊要在配种前一个月给予必要的补饲。在养羊生产中，至少应做到在妊娠后期及哺乳期对母羊进行良好的饲养管理，以提高羊群的繁殖力。

第四章　肉用山羊饲草料调制技术

第一节　肉用山羊常用饲料及营养特点

饲料是发展养羊生产的物质基础。羊在生命活动过程中所需要的能量、蛋白质、矿物质、维生素等营养物质均由饲草料供给，因此优良而充足的饲料是发展肉用山羊生产的根本保证。山羊是草食动物，饲料来源比较广泛，种类众多，按照其对营养物质的需求，将其常用饲料分为粗饲料、青绿饲料、青贮饲料、多汁料、精饲料、矿物质饲料、饲料添加剂。

一、粗饲料

粗饲料是指饲料中天然水分含量在45%以下，干物质中粗纤维含量等于或高于18%，并以风干物形式饲喂的饲料。粗饲料是肉羊的主要饲料，一般在羊日粮中占60%～70%。羊对粗饲料中纤维素有良好的利用效果，55%～95%纤维素通过瘤胃微生物发酵，产生挥发性脂肪酸，为肉羊生长发育提供能量。粗饲料容易使羊产生饱感，维持瘤胃的功能正常，对胃肠道的蠕动和消化吸收有促进作用。粗饲料来源广、产量大、价格低，合理利用能有效降低饲养成本。粗饲料主要包括青干草、作物秸秆、秕壳类、糟渣类等。

1. 青干草

青干草是指天然草地青草或栽培牧草经自然或人工干燥除去大部分水分，能长期贮存的饲料。优质青干草水分含量一般为12%～15%，粗蛋白质含量较高，矿物质较多，维生素中胡萝卜素、维生素 D、维生素 E 丰富，适口性好，不仅是草食动物越冬的良好饲料，还能全年提供营养均衡的饲料，弥补饲草的季节性不足。干草常分为豆科干草、禾本科干草、野干草。豆科干草富含蛋白质、钙和胡萝卜素等，营养价值较高，是补充蛋白饲料的主要来源；禾本科干草富含糖类，是补充热能饲料的主要来源。野干草用野生杂草晒制成的，营养价值稍差。

2. 秸秆类

各种农作物收获籽实后剩余的茎叶部分称之为秸秆。秸秆粗纤维含量达30%～40%，粗蛋白和矿物质含量低，适口性差，消化率低，但是我国秸秆资源丰富，每年产量约6亿t，且成本低廉，经过适当加工处理后，其营养价值、适口性会大大提高。山羊常用的秸秆有玉米秸、麦秸、稻秸、豆秸、花生秸等，秸秆的营养价值因作物种类和品种、收获时期、加工和贮藏方法等因素影响而不同。一般豆科秸秆的蛋白质含量和消化率都较高；禾本科秸秆粗纤维含量高，适口性差，营养价值低。叶片所含营养成分要高于茎秆，所以秸秆的叶片含量越多其相对营养价值就越高。

3. 秕壳类

秕壳是农作物籽实脱壳的副产品，包括种子的颖壳、荚皮及外皮等物，如稻壳、高粱壳、棉籽壳、花生壳、燕麦壳、豆荚、大豆皮等。与秸秆相比，秕壳的总营养价值较高，蛋白质和矿物质含量多，纤维素少，是肉羊较好的粗饲料来源。但是质地坚硬、粗糙，还含有芒刺和泥沙，用其饲喂家畜时要进行预处理，提高适口性。

4. 糟渣类

糟渣是食品工业和发酵工业的主要副产物之一，包括白酒糟、啤酒糟、酱醋糟、木薯渣、淀粉渣、豆渣、味精渣、糖渣及果渣等。糟渣类水分含量比较大（70%～90%），富含丰富的蛋白质和矿物元素，非常适合饲喂家畜。但是，一定要严格控制酒糟的添加量，日用量 3～4 kg 为宜，避免添加过量造成羊消化障碍和营养缺乏，影响羊的生产性能。

二、青绿饲料

青绿饲料又称青饲料，以富含叶绿素而得名。青绿饲料的种类有很多，包括牧草（天然及栽培牧草）、青割饲料、叶菜类、树叶类、水生植物类等。青绿饲料水分高达75%～90%，粗纤维含量少，蛋白质含量较高且品质较好（赖氨酸含量高），适口性好，是肉羊夏、秋季节所需矿物质及多种维生素的主要饲料来源，如新鲜树叶中富含钙、磷、铁、钴、锌等元素，胡萝卜素、维生素 C、维生素 D、维生素 E、维生素 K 等维生素含量也较高。青绿饲料可单独饲喂肉羊，采食量足够的情况下能满足普通肉羊营养物质的需要，也可配入日粮饲喂以弥补秸秕和精料中维生素的不足。

三、青贮饲料

青贮就是把新鲜的青绿饲料在收获后切短，密封贮存于青贮容器内，经过微生物发酵（以乳酸菌为主）而制成的味道酸甜、柔软多汁、营养丰富、适口性好、易于保存的饲料。青贮制作简单，使用方便，养分损失少（仅损失10%~15%），保存时间达2~3年或更长，是一种长期贮藏青绿饲料的好方法，保证了青绿饲料的连续供应，是解决草食家畜冬春缺草的主要饲料来源。青贮原料非常丰富，有玉米秸、麦秸、豌豆秧、花生秧、红薯及红薯蔓、甜菜、各种牧草、野青草等。

四、多汁饲料

多汁饲料指干物质中粗纤维含量小于18%，水分含量大于75%的饲料，主要指块根、块茎类，如红薯、马铃薯、胡萝卜、饲用甜菜等。此类饲料水分含量较高，自然状态下达70%~90%，富含淀粉和糖类，蛋白质少（1%~2%），粗纤维含量低，质脆鲜美，消化率高，适口性好，矿物质中钾高，钙、磷很低，维生素差异很大。如胡萝卜富含胡萝卜素及维生素B族，甜菜中仅含维生素C，马铃薯则缺乏维生素，这类饲料均缺乏维生素D。是种公羊、产奶母羊、育肥羊在冬春季节不可缺少的补充饲料，饲喂时要控制羊的采食量，防止过多采食而减少了对干物质和其他养分的采食量，从而影响其生长发育；同时还要进行适当的加工处理，以防止红薯黑斑病、甜菜的亚硝酸盐、马铃薯龙葵素中毒而造成不必要的损失。

五、精饲料

山羊是复胃家畜，以采食粗饲料为主，精饲料为补充料。精饲料具有可消化营养物质含量高、体积小、水分少、粗纤维含量低、消化率高等优点，饲喂羊时精饲料的补给量为每只每天200～500 g。精饲料的种类很多，依据其营养价值与特性常分为能量饲料和蛋白质饲料。

能量饲料干物质中粗纤维含量低于18%、粗蛋白低于20%，该类饲料最大特点是能值含量高，在肉羊生产中常作粗饲料的补充料，在催肥期使用。常用的有玉米、大麦、小麦、稻谷、高粱、麸皮等谷物籽实及其副产品。其中玉米是高能量饲料，是我国主要的能量饲料，有"饲料之王"之称。玉米含可利用能量最高，表观代谢能高达13.8 MJ/kg，粗纤维低（2%），粗脂肪高达3.5%～4.5%，亚油酸含量较高，适口性好。

蛋白质饲料干物质中粗纤维含量小于18%、粗蛋白含量不小于20%，该类饲料典型优点是蛋白质含量高，在生产中对动物生长与增重起到关键性作用，一般占精料补充料的20%～30%。常用的植物性蛋白质饲料包括大豆、豌豆、豆饼（粕）、花生饼（粕）、棉籽饼（粕）、菜籽饼（粕）等豆科籽实及其饼粕。豆饼（粕）是我国主要的植物性蛋白质饲料的来源，蛋白质含量高（40%～50%），蛋白品质较好，赖氨酸高（2.5%），蛋氨酸含量低，使用时需额外添加。棉籽饼、菜籽饼含有毒性物质，经过脱毒处理方可安全使用。此类饲料主要用于精料补充料中蛋白质的不足，生产中常与能量饲料搭配使用互相补充营养成分，既能提高饲料的利用率，又可节省饲料减少浪费。

六、矿物质饲料

矿物质饲料是补充动物所需的常量矿物质元素，不含蛋白质及能量的一类饲料。通常用食盐、骨粉、贝壳粉、石灰石、磷酸钙、碳酸钙等饲料来补充钠、氯、钙、磷，其他矿物质则以添加剂形式补给。食盐添加量约占精料补充料的1%，磷酸氢钙在精料补充料中占0.5%~1%。添加时，要与精料混合均匀使用，以免因过量而引起中毒。

七、饲料添加剂

饲料添加剂是指在饲料加工、制作、使用过程中添加的少量或者微量物质，包括营养性添加剂和非营养性添加剂。营养性添加剂有氨基酸、维生素和微量元素等，用于补充饲料营养成分；非营养性添加剂包括生长促进剂、驱虫保健剂、饲料保存剂等，用于满足动物保健、促生长、增食欲等特殊需要，用量小作用大。饲料添加剂是配合饲料的核心，其质与量直接影响动物的生产性能。

第二节　肉用山羊常用饲料加工调制技术

一、粗饲料加工

我国粗饲料资源十分丰富，但由于高含量的粗纤维不易消化而限制了其使用，因此需要进行加工，提高其营养价值，以弥补当前冬季和早春饲草不足的现状。加工方法主要分为物理、化学和生物方法，物理法适用于任何种类的粗饲料，是进行后续加工的基础；化学和生物方法主要用在麦草、稻草、玉米秸等禾本科秸秆处理上。

1. 物理处理法

通过人工、机械等方法改变粗饲料的物理性状，利于家畜采食，减少饲料浪费。

（1）切短。调制秸秆最简单而又重要的方法，秸秆和较硬的干草饲喂前都应切短，可使动物便于咀嚼，采食量增加20%～30%。秸秆饲喂肉羊时切成1.5～2.5 cm的小段，玉米秆以1 cm左右为宜。

（2）粉碎。粉碎可将干草和秸秕加工成各种粒度的草粉，便于与精饲料混拌。但不可粉得过细，一般以0.7～1.0 cm效果较好，否则会影响羊的反刍。

（3）揉搓。揉搓是通过使用揉搓机将秸秆揉搓成柔软的散碎状、丝条状，提高了饲料适口性和利用率。

（4）浸泡。这是我国农村饲喂家畜常用的方法。一般用清水浸泡粗饲料可将其软化，清除泥沙，提高适口性，有利采食；1%盐水或稀糖蜜水或酒糟液等浸泡切短粗草，可起到调味作用而增加粗饲料的采食量。

（5）蒸煮。利用具有一定压力的容器对秸秕类粗饲料进行蒸煮，软化纤维素，改善适口性。如用高压（1～2 MPa/cm^2）蒸汽处理，有利微生物和酶接触植物细胞内容物，从而提高粗饲料的消化率。

（6）颗粒化。将农作物副产品、秸秕壳粉碎后，再加上少量黏合剂，用颗粒饲料轧粒机制成颗粒饲料。由于含水量较低（11%～13%），体积减小，便于长期储存和运输，适口性和品质得到提高。颗粒化不仅适合大规模养殖场，也适合家庭养殖，经济实用，是一种草食家畜的理想饲料。

2. 化学加工法

通过利用酸、碱等化学物质对秸秆进行处理，来降解粗纤维中的纤维素和木质素，以提高其适口性和营养价值。目前生产中广泛应用的是氨化、碱化和酸化处理。

（1）氨化处理。利用氨水、液氨或尿素溶液等作为氨源进行处理，使秸秆变柔松，粗纤维含量降低10%，利用率提高20%，同时可提供反刍动物非蛋白氮，强化粗蛋白的营养效果。氨化料制作也比较简单，一般养羊专业户都可很快掌握。具体方法：将秸秆饲料切成2~3 cm长的小段，将所需尿素等氨源（按每100 kg风干秸秆加尿素5 kg和水40 kg的比例）溶于水后，均匀喷洒在秸秆上，然后分层装入氨化窖或塑料薄膜中，压实，密封。氨化处理时间视气温而定，春、秋季15d左右，夏季7d左右，冬季则需30d左右。启封后待氨气散去即可饲喂。饲喂时大羊每日2.0 kg，青年羊1.0 kg，小羊少喂或不喂。

（2）碱化处理。利用氢氧化钠、氢氧化钾、氢氧化钙溶液来处理秸秆，可使消化率提高15%~20%。这种方法成本低，方法简便，效果明显。如利用氢氧化钠与生石灰混合处理法：将秸秆铺放在地面上，每层厚15~25 cm，喷洒1.5%~2%氢氧化钠和1.5%~2.0%生石灰水混合液，分层喷洒并压实。1周后（至少3d）待碱度降低后切碎饲喂。

（3）氨碱复合处理。就是将秸秆饲料氨化后再进行碱化处理，不仅提高了秸秆饲料营养成分含量和饲料的消化率，还能够充分发挥秸秆饲料的经济效益和生产潜力。如稻草氨化处理的消化率仅55%，而复合处理后则达到71.2%。

（4）酸化处理。用酸性物质（硫酸、盐酸、磷酸和甲酸等）处理秸秆后，破坏饲料中纤维素的结构，提高粗饲料的消化率，但酸处理成本太高，在生产上应用较少。

3. 生物处理法

生物处理法是通过微生物和酶的作用，使粗饲料纤维部分降解，产生菌体蛋白，以改善适口性、消化率和营养价值，生产实践中主要采用青贮、微生物发酵和酶解三种方式。

青贮是利用原料中携带的有益菌（乳酸菌为主）进行厌氧发酵，使原料中糖分解产生大量乳酸，形成 pH 值为 4.2 以下的酸性条件，抑制或杀死各种有害微生物，从而起到保存青绿饲料和青绿秸秆的方法。具体方法见青贮饲料调制。

微生物发酵就是通过添加微生物高效活性菌种，将家畜难以利用的粗饲料进行发酵作用后，改变其理化性状，提高营养价值和适口性，变成一种家畜比较容易利用的具有酸、甜、软、熟、香的饲料。具体方法：100 kg 粗饲料粉碎，加菌种 2 ~ 4 kg，加水 100 ~ 150 kg，拌匀后，用手握紧，以指缝有水珠而不滴下为宜。拌匀的饲料在地面或墙角堆积发酵，冬季应用草帘或塑料布覆盖保温，当温度上升到 40℃，且具有酸香味时，即可饲喂。

酶解法是利用酶具有高效、专一、水解产率高的特性，选择能分解粗纤维的纤维素、半纤维素分解酶，将其溶于水后喷洒在秸秆上，以提高秸秆消化率的方法，但因处理成本较高，目前生产上使用较少。

4. 复合处理法

复合处理法就是将不同处理技术组合起来，形成新型调制工艺，克服了单一方法处理粗饲料效果不理想且难以规模化处理的缺陷。目前，使用较多的是将化学处理与机械成型加工调制相结合。即先对秸秆饲料进行切碎或粗粉碎，再进行碱化或氨化等化学预处理，然后添加必要的营养补充剂，再通过机械加工调制成秸秆颗粒饲料或草块。该复合处理技术的应用，既改善秸秆饲料的物理性状和适口性，还提高了饲料的密度，有利于运输、贮存和利用，因此有利于实现工厂化高效处理，是今后秸秆等粗饲料利用的重要途径。

5. 青干草的调制

青干草是指将青绿植物在结实以前刈割下来，干燥后调制成能长期保存的饲草，因仍具有绿色，故名青干草。此法是保存青绿饲料营养价值最常用的一种加工方法。青干草调制过程中，除了适时收割外（禾本科牧草抽穗期、豆科牧草初花期刈割），干燥及贮藏方法对青干草的营养价值也有很大影响。

（1）干燥方法

①自然干燥法。地面干燥法：选择晴天，将牧草收割后平铺地面，在日光下曝晒 4~6h，使水分降到 40% 左右（取 1 束草在手中用力拧紧，有水但不下滴）达到半干程度。然后将草拢集成松散的小堆（高度 0.5~1 m），继续晾晒 4~5d 或将半干的草移到通风良好的荫棚下晾干，使水分降到 14%~17%，此时干草束在手中抖动有声，揉卷折叠不脆断，松手时不能很快自动松散，即达干燥可贮存程度。此法简单方便，成本低，一般农户均可使用。

草架干燥法：将半干或新鲜牧草自上而下置于草架上，

厚度不超过 70 cm，保持蓬松和一定斜度，以利采光、通风、排水。此法可提高牧草的干燥速度，干草品质较好，养分损失比地面干燥减少 5% ~ 10%，适宜于潮湿、多雨、光照时间短或气候变化无常的季节或地区。

②人工干燥法。人工干燥法需要一定的设备，干燥效率高，劳动强度小，制作的干草质量好，但成本高。

常温通风干燥：将青草自然干燥，使水分降到 30% ~ 40% 后堆成小垛，垛内设通风道，用鼓风机或电风扇的风力直接干燥，所制的青干草含叶多，所含养分较地面干燥高，胡萝卜素可高出 3 ~ 4 倍。

高温快速干燥法：将新鲜的青绿饲料置于烘干机内，在 800 ~ 1 100℃ 的条件下，经过 3 ~ 5 s 使水分迅速降到 10% ~ 12%，牧草的营养物质含量及消化率几乎无影响。

（2）青干草的贮藏

①露天堆垛贮藏：最经济、较省事的贮存方法。选择地势高燥处，垛底要高出地面 30 ~ 50 cm，清除杂草，挖好排水沟，垛形以长方形为宜，高 6 ~ 10 m，宽 4 ~ 5 m。堆垛时，第一层从外向里堆，使里边的一排压住外面的梢部，每层 30 ~ 60 cm 厚，尽量压紧，形成外部稍低，中间隆起的弧形。垛顶用薄膜封顶，并用绳索系紧。贮藏过程中，注意通风、防雨、防自燃，定期检查维护。

②草棚贮藏：气候湿润、用草量不大的牧户或条件较好的牧场，可建造简易的干草棚来堆垛贮存干草，避免日晒、雨淋。贮存时下面采取防潮措施，上面与棚顶间保持 0.5 m 距离，保持通风，将青干草整齐地堆垛在棚内。

（3）干草的质量鉴定及饲喂。实践证明，干草的植物种类组成、颜色、气味、含叶量多少等外观特征可以作为评定干草品质的好坏的依据。优质干草呈青绿色，叶片含量多且柔软，有芳香味，水分含量低于17%，豆科及禾本科物草比例大，且不含霉烂变质的干草。劣质干草颜色黄白或黑褐色，叶片存量少，缺少芳香气味，甚至有霉烂或焦灼气味，杂草数量多。畜禽极喜欢采食优质青干草，劣质及霉烂变质干草不能利用，防止饲喂妊娠家畜引起流产。干草饲喂前最好切短、粉碎，这样可防止浪费。一般山羊青干草的日喂量为 2～3 kg。

二、青贮饲料制作

青贮饲料是把新鲜青绿饲料通过微生物厌氧发酵和化学作用条件下制成的一种适口性好，消化率高和营养丰富的饲料，是保证常年均衡供应家畜饲料的有效措施。用青贮方法能够很好地保存青绿饲料养分，质地变软，具有香味，能促进羊食欲，解决冬春季节饲草的不足。同时，制作青贮料比堆垛同量干草要节省一半占地面积，还有利于防火、防雨、防霉烂等。

1. 选址

应选在地势高燥、土质坚实、地下水位低、靠近畜舍，远离水源和粪坑的地方做青贮场所。

2. 青贮设施

（1）青贮窖。青贮窖是我国广大农村应用最为普遍的青贮设施，通常为长方形窖，宽深之比为 1：（1.5～2.0），窖上口向外倾斜，四周及底部用砖砌成，水泥抹面，密封性好，窖四角为半圆形，窖底要留直径0.5 m的渗水孔或排水通道。青贮窖有地上式、地下式及半地下式三种。地下式适用于地下水位低，土质较好的地方；地上式或半地下式适用于地下水位高，土质较差的地方。

（2）青贮壕。青贮壕是指大型的壕沟式青贮设备（长30～60 m、宽10 m、高5 m），适于大型养殖场。青贮壕的两侧有斜坡，两侧墙与底部接合处修一条排水沟，底面应倾斜以利排水。青贮壕最好用砖石砌成永久性建筑，以保证密封和提高青贮效果。青贮壕的优点是贮料、取料方便，造价低，但是密封性较差，养分损失较大。

（3）青贮袋。青贮袋选用聚乙烯无毒塑料薄膜，双幅袋形塑料，厚度8～12丝，制成宽100 cm、长100～170 cm的青贮袋。为防穿孔，也可用2层，可贮青贮料约200 kg。此方法简便，浪费少，适用于小规模饲养。

3. 青贮原料准备

目前，青贮原料应用最多的是青贮玉米，其次是玉米秸、高粱秸以及红薯藤。此外，禾本科作物、豆科作物、块根、块茎以及水生饲料和树叶等均可用来青贮。为了保证青贮质量，选择青贮原料时应注意以下几个方面：

（1）含糖量。青贮原料要有一定含糖量（至少为鲜重的1%～1.5%），才能保证乳酸菌大量繁殖，形成足量乳酸。糖分含量较高原料易于青贮，如玉米秸、禾本科牧草、红薯秧等；含糖低原料不易青贮，如紫花苜蓿、饲用大豆等豆科植物，应与含糖量高的原料混合青贮，或添加制糖副产物如鲜甜菜渣、糖蜜等。

（2）水分含量。青贮原料必须含有适当的水分（65%~75%），才能保证微生物正常活动。判断适宜含水量方法：将青贮原料捣碎，用手握紧，指缝有水珠而不滴下时为宜。水分过低时，不易压实，好气菌大量繁殖，饲料发霉腐烂，此时可加入适量清水或与含水量高的青饲料、糟渣类进行混贮。水分含量高时，饲料易结块，降低含糖量，造成氧分大量流失，影响青贮品质，此时应适当晾干或与含水量低的秸秆、糠麸等混贮。

（3）添加剂的使用。对于秸秆类原料进行青贮时使用添加剂，可提高青贮料的营养，改善适口性。如玉米秸青贮添加尿素，添加量以玉米秸秆总重量的 0.3% 为宜；添加食盐的青贮料各种家畜都喜食，可在青贮时加入玉米秸秆总量 0.1%~0.15% 的食盐。

4. 青贮方法

（1）适时收割：适时收割是保证青绿饲料营养价值的重要前提。玉米等农作物秸秆有一定绿色叶片时收割，带穗玉米蜡熟期收割（干物质含量为 25%~35%），豆科牧草在现蕾至初花期刈割，禾本科牧草在孕穗至抽穗时刈割，红薯藤和马铃薯茎叶等一般在收薯前 1~2d 或霜前收割。

（2）切短：收割后的原料除去霉烂、带泥沙或不干净的部分后，选用机械切短，如铡草机等，长度因原料种类不同而异。玉米秸秆切短长度以 1 cm 左右为宜；牧草等秸秆柔软的，切短长度为 3~4 cm。

（3）装窖：青贮原料应快收、快运、快切、快装窖，避免堆放时间过长引起发热。装填前底部铺 10~15 cm 厚的秸秆，以吸收液汁。装填时逐层装入，每层 15~20 cm 厚，可用人力或机械等方式踩压，注意边角及四周踩紧压实，原料超出窖口 30~60 cm 封口。袋贮时用手压和脚踩压紧，装填至距袋口 30 cm 左右时，抽气、封口、扎紧袋口。

（4）密封：用塑料薄膜封顶，四周用泥土压实封严。四周要修好排水沟，以便排水。后期加强管理，若发现下陷或裂缝，应及时用土（胶带）封严。经 40d 左右调制好，即可开封取用。

5. 质量鉴定

青贮料在饲喂之前应进行质量鉴定。通常简便、迅速的鉴定方法就是根据青贮料的色、香、味、质地、结构等指标，通过感官评定其品质好坏。青贮饲料感官鉴定标准如表 4-1，优等和中等的青贮料才能作为家畜的饲料进行饲喂，腐烂变质的劣等饲料不能使用。

表 4-1 青贮饲料感官鉴定标准

项目	品质要求		
	优	中	劣
色	黄绿、青绿近原色	黄褐、暗褐	黑色、墨绿
香	芳香、酒酸味	有刺鼻味、香味淡	有刺鼻臭味、霉味
味	酸味浓	酸味中	酸味淡
手感	湿润松散	发湿	发黏、滴水
结构	茎、叶、茬保持原状	柔软、水分较多	腐烂成块、无结构
pH 值	≤4.2	4.2~4.5	≥4.6

6. 饲喂

饲喂时应除去发霉腐烂的青贮料，现取现喂，每次取用后要盖严塑料薄膜，防止二次发酵。青贮料喂量从少到多并与精料或其他饲料掺喂，如出现拉稀时可酌减喂量或暂停数日后再喂。青贮料的喂量一般不超过日粮总量的1/2，成年母羊每天 1.5～3.0 kg，青年羊、种公羊每天 1.0～1.5 kg。

三、精饲料加工调制

精饲料作为肉羊的补充料，具有较高的营养价值和消化率。但由于籽实的种皮、硬壳、内部淀粉粒结构以及豆饼粕所含的抗营养因子，降低了动物对营养成分的消化吸收及利用。因此，利用前对这类饲料进行必要的加工调制，提高营养价值，使其发挥更好的效用。

1. 粉碎

粉碎能破坏细胞的物理结构，使被包裹的营养物质暴露出来，便于咀嚼，提高利用率。如玉米、高粱、小麦等籽实及大颗粒的饼类粉碎后，其表面积增加，消化更彻底。但是，粉碎的粒度不应太小，否则影响羊的反刍，一般粉碎成 2.5 mg 重颗粒即可。

2. 浸泡

坚硬的豆类、谷物或油饼等经水浸泡而膨胀柔软，所含的有毒有害物质和异味均可减轻，适口性提高，利于动物消化。浸泡时料水比在 1：(1.1～1.5)，浸泡时间因温度不同而异，高温时间宜短，避免养分损失，甚至引起变质。

3. 蒸煮和焙炒

蒸煮可破坏豆类、饼类有毒有害成分，提高适口性。蒸煮时间一般不能超过 20 min。如大豆有豆腥味，适当热处理，可破坏胰蛋白酶，提高蛋白质的消化率、适口性。焙炒经短时间的高温处理，可使籽实中部分淀粉转化为糊精而产生香味，适口性提高，可作为仔畜的开食料。

4. 发芽

将饲料浸泡后发芽，可增加某些营养物质含量，提高营养价值。如谷物籽粒发芽后，部分蛋白质分解成氨基酸、糖分，维生素含量也大大增加。短芽（3 cm）则含有各种酶，可促进食欲；长芽（6~8 cm）为绿色，以供给维生素。

5. 制粒

饲料制成颗粒，动物采食量增加，浪费减少，家畜较喜食，尤其适用于育肥羔羊；同时还增加了饲料密度，破坏了原料中有毒有害物质，保证了饲料的安全性和均质性。

第三节　肉用山羊全混合日粮配制技术

全混合日粮（Total Mixed Ration，TMR）就是根据不同生长发育阶段的动物，对粗蛋白、能量、粗纤维、矿物质、维生素等营养物质的需要，按照相应的配方，用特制的搅拌机对所有日粮组分（如粗饲料、精饲料和各种添加剂等）进行切割、揉搓和搅拌而形成的精粗比例适宜、营养均衡的日粮（也称全价日粮）。如果将混合均匀的饲料用制粒机制成颗粒状全价日粮则称为 TMR 颗粒饲料。若将混合均匀的饲料装入密闭的真空袋或其他的容器，创造一个厌氧发酵的环境，经过乳酸发酵后调制营养均衡的全价日粮则称为发酵全混合日粮（简称发酵 TMR，FTMR）。

全混合日粮各组分比例适当、营养均衡、精粗比适宜，适口性好；减少肉羊消化道疾病、食欲不振、营养应激等的发生，显著提高肉羊生产性能及饲料利用效率；简化饲养程序，降低饲养管理成本，便于长期贮存和运输，是肉羊标准化、规模化舍饲养殖的必然选择。全混合日粮配制及生产技术的核心是日粮配方，因此科学合理的日粮配方可降低饲料成本、提高经济效益，促进我国农区养羊业的可持续发展。

一、肉羊 TMR 饲料配方设计原则

初次配合日粮时以饲养标准（肉羊饲养标准，NY/T 816-2004）为依据，确定各种养分的需要量（如表4-2、4-3）。饲料种类应多样化，精粗比适宜，保证营养全面。饲料原料选择要因地制宜，尽可能利用当地资源丰富、价格低廉的原料，如秸秕类及其他农副产品等。饲料搭配要适宜，可将酸性饲料（青贮料、糟渣类）和碱性饲料（氨化、碱化秸秆）配合饲喂，提高饲料的适口性和利用率。日粮成分应保持相对稳定，更换日粮时应逐步过渡，防止突然改变日粮影响瘤胃发酵，降低饲料转化率，甚至引起消化不良或腹泻等疾病。

表4-2 生长育肥山羊羔羊每日营养需要量

体重 （kg）	日增重 （kg）	干物质进食量（kg/d）	消化能 （MJ/d）	代谢能 （MJ/d）	粗蛋白质 （g/d）	钙 （g/d）	总磷 （g/d）	食用盐 （g/d）
1	0	0.12	0.55	0.46	3	0.1	0.0	0.6
1	0.02	0.12	0.71	0.60	9	0.8	0.5	0.6
1	0.04	0.12	0.89	0.75	14	1.5	1.0	0.6
2	0	0.13	0.90	0.76	5	0.1	0.1	0.7
2	0.02	0.13	1.08	0.91	11	0.8	0.6	0.7

续表

体重（kg)	日增重（kg)	干物质进食量（kg/d)	消化能（MJ/d)	代谢能（MJ/d)	粗蛋白质（g/d)	钙（g/d)	总磷（g/d)	食用盐（g/d)
2	0.04	0.13	1.26	1.06	16	1.6	1.0	0.7
2	0.06	0.13	1.43	1.20	22	2.3	1.5	0.7
4	0	0.18	1.64	1.38	9	0.3	0.2	0.9
4	0.02	0.18	1,93	1.62	16	1.0	0.7	0.9
4	0.04	0.18	2.20	1.85	22	1.7	1.1	0.9
4	0.06	0.18	2.48	2.08	29	2.4	1.6	0.9
4	0.08	0.18	2.76	2.32	35	3.1	2.1	0.9
6	0	0.27	2.29	1.88	11	0.4	0.3	1.3
6	0.02	0.27	2.32	1.90	22	1.1	0.7	1.3
6	0.04	0.27	3.06	2.51	33	1.8	1.2	1.3
6	0.06	0.27	3.79	3.11	44	2.5	1.7	1.3
6	0.08	0.27	4.54	3.72	55	3.3	2.2	1.3
6	1.0	0.27	5.27	4.32	67	4.0	2.6	1.3
8	0	0.33	1.96	1.61	13	0.5	0.4	1.7
8	0.02	0.33	3.05	2.50	24	1.2	0.8	1.7
8	0.04	0.33	4.11	3.37	36	2.0	1.3	1.7
8	0.06	0.33	5.18	4.25	47	2.7	1.8	1.7
8	0.08	0.33	6.26	5.13	58	3.4	2.3	1.7
8	1.0	0.33	7.33	6.01	69	4.1	2.7	1.7
10	0	0.46	2.33	1.91	16	0.7	0.4	2.3
10	0.02	0.48	3.73	3.06	27	1.4	0.9	2.4
10	0.04	0.50	5.15	4.22	38	2.1	1.4	2.5
10	0.06	0.52	6.55	5.37	49	2.8	1.9	2.6
10	0.08	0.54	7.96	6.53	60	3.5	2.3	2.7
10	0.1	0.56	9.38	7.69	72	4.2	2.8	2.8
12	0	0.48	2.67	2.19	18	0.8	0.5	2.4
12	0.02	0.50	4.41	3.62	29	1.5	1.0	2.5
12	0.04	0.52	6.16	5.05	40	2.2	1.5	2.6
12	0.06	0.54	7.90	6.48	52	2.9	2.0	2.7
12	0.08	0.56	9.65	7.91	63	3.7	2.4	2.8
12	0.1	0.58	11.40	9.35	74	4.4	2.9	2.9
14	0	0.50	2.99	2.45	20	0.9	0.6	2.5
14	0.02	0.52	5.07	4.16	31	1.6	1.1	2.6
14	0.04	0.54	7.16	5.87	43	2.4	1.6	2.7
14	0.06	0.56	9.24	7.58	54	3.1	2.0	2.8
14	0.08	0.58	11.33	9.29	65	3.8	2.5	2.9

续表

体重(kg)	日增重(kg)	干物质进食量(kg/d)	消化能(MJ/d)	代谢能(MJ/d)	粗蛋白质(g/d)	钙(g/d)	总磷(g/d)	食用盐(g/d)
14	0.1	0.60	13.40	10.99	76	4.5	3.0	3.0
16	0	0.52	3.30	2.71	22	1.1	0.7	2.6
16	0.02	0.54	5.73	4.70	34	1.8	1.2	2.7
16	0.04	0.56	8.15	6.68	45	2.5	1.7	2.8
16	0.06	0.58	10.56	8.66	56	3.2	2.1	2.9
16	0.08	0.60	12.99	10.65	67	3.9	2.6	3.0
16	0.1	0.62	15.43	12.65	78	4.6	3.1	3.1

表4-3 育肥山羊每日营养需要量

体重(kg)	日增重(kg/d)	干物质进食量(kg/d)	消化能(MJ/d)	代谢能(MJ/d)	粗蛋白质(g/d)	钙(g/d)	总磷(g/d)	食用盐(g/d)
15	0.00	0.51	5.36	4.40	43	1.0	0.7	2.6
15	0.05	0.56	5.83	4.78	54	2.8	1.9	2.8
15	0.10	0.61	6.29	5.15	64	4.6	3.0	3.1
15	0.15	0.66	6.75	5.54	74	6.4	4.2	3.3
15	0.20	0.71	7.21	5.91	84	8.1	5.4	3.6
20	0.00	0.56	6.44	5.28	47	1.3	0.9	2.8
20	0.05	0.61	6.91	5.66	57	3.1	2.1	3.1
20	0.10	0.66	7.37	6.04	67	4.9	3.3	3.3
20	0.15	0.71	7.83	6.42	77	6.7	4.5	3.6
20	0.20	0.76	8.29	6.80	87	8.5	5.6	3.8
25	0.00	0.61	7.46	6.12	50	1.7	1.1	3.0
25	0.05	0.66	7.92	6.49	60	3.5	2.3	3.3
25	0.10	0.71	8.38	6.87	70	5.2	3.5	3.5
25	0.15	0.76	8.84	7.25	81	7.0	4.7	3.8
25	0.20	0.81	9.31	7.63	91	8.8	5.9	4.0
30	0.00	0.65	8.42	6.90	53	2.0	1.3	3.3
30	0.05	0.70	8.88	7.28	63	3.8	2.5	3.5
30	0.10	0.75	9.35	7.66	74	5.6	3.7	3.8
30	0.15	0.80	9.81	8.04	84	7.4	4.9	4.0
30	0.20	0.85	10.27	8.42	94	9.1	6.1	4.2

二、肉羊 TMR 配方设计步骤

1. 明确营养需要量

根据羊生长发育阶段、体重、预期日增重等条件查相应的饲养标准，确定各种营养指标的需要量。

2. 选择饲料原料

调查和了解当地饲料原料生产和供应、饲料价格等情况，选择青饲料、粗饲料、精饲料的种类并确定其营养成分（见表4-4）。

3. 确定青粗料用量

肉羊日粮中精粗饲料比例为3:7或4:6。根据干物质需要量、青粗饲料营养特性及资源状况等因素，确定各种青粗料比例及用量，并计算青粗料提供营养物质量。

4. 确定精料用量

总营养物质需要量扣除青粗饲料等提供的营养物质量为精饲料营养物质提供量，并计算各种精饲料用量。计算精料用量时，先满足羊对消化能这一指标的需要，再依次考虑 CP→P→Ca→NaCl 的供给。

5. 确定矿物质及饲料添加剂用量

根据青粗饲料、精饲料等提供的矿物质数量，计算并确定矿物质饲料用量。微量元素及维生素等微量营养成分用1%添加剂预混料来补充。

6. 列出配方并计算营养水平

根据各种饲料实际用量，换算出百分比配方或每批次各种饲料用量，并计算日粮的营养水平。

表 4-4　山羊常用饲料及营养成分

序号	中国饲料号 CFN	饲料名称	饲料描述	干物质 (DM, %)	消化能 (MJ/kg)	代谢能 (MJ/kg)	粗蛋白 (CP, %)	粗脂肪 (EE, %)	粗纤维 (CF, %)	无氮浸出物 (NFE, %)	中洗纤维 (NDF, %)	酸洗纤维 (ADF, %)	钙 (Ca, %)	总磷 (P, %)
1	1-05-0024	苜蓿干草	等外品	88.7	7.67	6.29	11.6	1.2	43.3	25.0	53.5	39.6	1.24	0.39
2	1-05-0622	苜蓿干草	中苜蓿2号	92.4	9.79	8.03	16.8	1.3	29.5	34.5	47.1	38.3	1.95	0.28
3	1-05-0607	黑麦草	冬黑麦	87.8	10.42	8.54	17.0	4.9	20.4	34.3	—	—	0.39	0.24
4	1-05-0615	谷草	粟茎叶,晒制	90.7	6.33	5.19	4.5	1.2	32.6	44.2	67.8	46.1	0.34	0.03
5	1-05-0064	沙打旺	盛花期,晒制	92.4	10.46	8.58	15.7	2.5	25.8	41.1	—	—	0.36	0.18
6	1-05-0644	羊草	禾本科为主,晒制	92.0	9.56	7.84	7.3	3.6	—	46.6	57.5	32.8	0.22	0.14
7	1-05-0645	羊草	禾本科为主,晒制	91.6	8.78	7.20	7.4	3.5	29.4	46.6	56.9	34.5	0.37	0.18
8	1-06-0009	稻草	晚稻,成熟	89.4	4.84	3.97	2.5	1.7	24.1	48.8	77.5	48.8	0.07	0.05
9	1-06-0802	稻草	晒干,成熟	90.3	4.64	3.80	6.2	1.0	27.0	37.3	67.5	45.4	0.56	0.17
10	1-06-0062	玉米秸	收获后茎叶	90.0	5.83	4.78	5.9	0.9	24.9	50.2	59.5	36.3	—	—
11	1-06-0100	红薯蔓	成熟期,以80%茎叶为主	88.0	7.53	6.17	8.1	2.7	28.5	39.0	—	—	1.55	0.11
12	1-06-0622	小麦秸	春小麦	89.6	4.28	3.51	2.6	1.6	31.9	41.1	72.6	52.0	0.05	0.06
13	1-06-0631	大豆秸	枯黄期,老叶	85.9	8.49	6.96	11.3	2.4	28.8	36.9	—	—	1.31	0.22
14	1-06-0636	花生蔓	成熟期,伏花生	91.3	9.48	7.77	11.0	1.5	29.6	41.3	—	—	2.46	0.04
15	1-08-0800	大豆皮	晒干,成熟	91.0	11.25	9.23	18.8	2.6	25.4	39.4	—	—	—	0.35
16	3-03-0029	玉米青贮	乳熟期,全株	23.0	2.21	1.81	2.8	0.4	8.0	9.0	—	—	0.18	0.05
17	4-04-0067	木薯干	木薯干片,晒干 GB10369-89 合格	87.0	12.51	10.26	2.5	0.7	2.5	79.4	8.4	6.4	0.27	0.09
18	4-04-0068	红薯干	红薯干片,晒干 NY/T121-1989 合格	87.0	13.68	11.22	4.0	0.8	2.8	76.4	8.1	4.1	0.19	0.02

续表

序号	中国饲料号CFN	饲料名称	饲料描述	干物质(DM,%)	消化能(MJ/kg)	代谢能(MJ/kg)	粗蛋白(CP,%)	粗脂肪(EE,%)	粗纤维(CF,%)	无氮浸出物(NFE,%)	中洗纤维(NDF,%)	酸洗纤维(ADF,%)	钙(Ca,%)	总磷(P,%)
19	4-07-0272	高粱	成熟,NY/T1级	86.0	13.05	10.70	9.0	3.4	1.4	70.4	17.4	8.0	0.13	0.36
20	4-07-0273	稻谷	成熟,晒干,NY/T2级	86.0	12.64	10.36	7.8	1.6	8.2	63.8	27.4	28.7	0.03	0.36
21	4-07-0270	小麦	混合小麦,成熟 GB1351-20082级	88.0	14.23	11.67	13.4	1.7	1.9	69.1	13.3	3.9	0.17	0.41
22	4-07-0274	大麦(裸)	裸大麦,成熟 GB11760-20082级	87.0	13.43	11.01	13.0	2.1	2.0	67.7	10.0	2.2	0.04	0.39
23	4-07-0277	大麦(皮)	皮大麦,成熟 GB10367-891级	87.0	13.22	10.84	11.0	1.7	4.8	67.1	18.4	6.8	0.09	0.33
24	4-07-0278	玉米	成熟,高蛋白,优质	86.0	14.23	11.67	9.4	5.1	1.2	71.1	9.4	3.5	0.09	0.22
25	4-07-0279	玉米	成熟,GB/T17890-20081级	86.0	14.27	11.70	8.7	3.6	1.6	70.7	9.3	2.7	0.02	0.27
26	4-07-0280	玉米	成熟,GB/T17890-20082级	86.0	14.14	11.59	7.8	3.5	1.6	71.8	7.9	2.6	0.02	0.27
27	4-07-0288	玉米	成熟,高赖氨酸,优质	87.0	14.27	11.70	8.5	5.3	2.6	68.3	9.4	3.5	0.16	0.25
28	4-07-0281	黑麦	籽粒,进口	88.0	14.18	11.63	9.5	1.5	2.2	73.0	12.3	4.6	0.05	0.30
29	4-07-0275	碎米	加工精米后的副产品 GB/T5503-20091级	88.0	14.35	11.77	10.4	2.2	1.1	72.7	0.8	0.6	0.06	0.35
30	4-07-0276	糙米	去外壳的大米 GB/T18810-20021级	87.0	14.27	11.70	8.8	2.0	0.7	74.2	1.6	0.8	0.03	0.35
31	4-07-0479	粟(谷子)	合格,带壳,成熟	86.5	12.55	10.29	9.7	2.3	6.8	65.0	15.2	13.3	0.12	0.30
32	4-08-0005	次粉	黑面,黄粉,下面 NY/T211-922级	87.0	13.60	11.15	13.6	2.1	2.8	66.7	31.9	10.5	0.08	0.48
33	4-08-0104	次粉	黑面,黄粉,下面 NY/T211-921级	88.0	13.89	11.39	15.4	2.2	1.5	67.1	18.7	4.3	0.08	0.48
34	4-08-0069	小麦麸	传统制粉工艺 GB10368-891级	87.0	12.18	9.99	15.7	3.9	6.5	56.0	37.0	13.0	0.11	0.92

续表

序号	中国饲料号 CFN	饲料名称	饲料描述	干物质 (DM,%)	消化能 (MJ/kg)	代谢能 (MJ/kg)	粗蛋白 (CP,%)	粗脂肪 (EE,%)	粗纤维 (CF,%)	无氮浸出物 (NFE,%)	中洗纤维 (NDF,%)	酸洗纤维 (ADF,%)	钙 (Ca,%)	总磷 (P,%)
35	4-08-0070	小麦麸	传统制粉工艺 GB10368-892 级	87.0	12.10	9.92	14.3	4.0	6.8	57.1	41.3	11.9	0.10	0.93
36	4-08-0041	米糠	新鲜,不脱脂 NY/T2级	87.0	13.77	11.29	12.8	16.5	5.7	44.5	22.9	13.4	0.07	1.43
37	4-10-0018	米糠饼	浸提或预压浸提,NY/T1级	87.0	10.00	8.20	15.1	2.0	7.5	53.6	23.3	10.9	0.15	1.82
38	4-10-0025	米糠饼	未脱脂,机榨 NY/T1级	88.0	11.92	9.77	14.7	9.0	7.4	48.2	27.7	11.6	0.14	1.69
39	4-10-0026	玉米胚芽饼	玉米湿磨后的胚芽,机榨	90.0	13.77	11.29	16.7	9.6	6.3	50.8	28.5	7.4	0.04	0.50
40	4-10-0244	玉米胚芽粕	玉米湿磨后的胚芽,浸提	90.0	12.60	10.33	20.8	2.0	6.5	54.8	38.2	10.7	0.06	0.50
41	5-09-0127	大豆	黄大豆,成熟 GB1352-862级	87.0	16.36	13.42	35.5	17.3	4.3	25.7	7.9	7.3	0.27	0.48
42	5-09-0128	全脂大豆	微粒化 GB1352-862级	88.0	16.99	13.93	35.5	18.7	4.6	25.2	11.0	6.4	0.32	0.40
43	5-10-0241	大豆饼	机榨 GB10379-9892级	89.0	14.10	11.56	41.8	5.8	4.8	30.7	18.1	15.5	0.31	0.50
44	5-10-0103	大豆粕	去皮,浸提或预压浸提 NY/T1级	89.0	14.31	11.73	47.9	1.5	3.3	29.7	8.8	5.3	0.34	0.65
45	5-10-0102	大豆粕	浸提或预压浸提 NY/T1级	89.0	14.27	11.70	44.2	1.9	5.9	28.3	13.6	9.6	0.33	0.62
46	5-10-0118	棉籽饼	机榨 NY/T129-19892级	88.0	13.22	10.84	36.3	7.4	12.5	26.1	32.1	22.9	0.21	0.83
47	5-10-0117	棉籽粕	浸提 GB21264-20072级	90.0	12.47	10.23	43.5	0.5	10.5	28.9	28.4	19.4	0.28	10.40
48	5-10-0119	棉籽粕	浸提 GB21264-20071级	90.0	13.05	10.70	47.0	0.5	10.2	26.3	22.5	15.3	0.25	1.10
49	5-10-0121	菜籽饼	浸提 GB/T23736-20092级	88.0	12.05	9.88	38.6	1.4	11.8	28.9	20.7	16.8	0.65	1.02
50	5-10-0183	菜籽粕	机榨 NY/T1799-20092级	88.0	13.14	10.77	35.7	7.4	11.4	26.3	33.3	26.0	0.59	0.96
51	5-10-0115	花生仁粕	浸提 NY/T133-19892级	88.0	13.56	11.12	47.8	1.4	6.2	27.2	15.5	11.7	0.27	0.56
52	5-10-0116	花生仁饼	机榨 NY/T2级	88.0	14.39	11.80	44.7	7.2	5.9	25.1	14.0	8.7	0.25	0.53

续表

序号	中国饲料号 CFN	饲料名称	饲料描述	干物质(DM,%)	消化能(MJ/kg)	代谢能(MJ/kg)	粗蛋白(CP,%)	粗脂肪(EE,%)	粗纤维(CF,%)	无氮浸出物(NFE,%)	中洗纤维(NDF,%)	酸洗纤维(ADF,%)	钙(Ca,%)	总磷(P,%)
53	5-10-0242	向日葵粕	壳仁比16:84NY/T2级	88.0	10.63	8.72	36.5	1.0	10.5	34.4	14.9	13.6	0.27	1.13
54	5-10-0243	向日葵粕	壳仁比24:76NY/T2级	88.0	8.54	7.00	33.6	1.0	14.8	38.8	32.8	23.5	0.26	1.03
55	5-10-0031	向日葵仁饼	壳仁比为35:65,NY/T3级	88.0	8.79	7.21	29.0	2.9	20.4	31.0	41.4	29.6	0.24	0.87
56	5-10-0119	亚麻仁饼	机榨 NY/T2级	88.0	13.39	10.98	32.2	7.8	7.8	34.0	29.7	27.1	0.39	0.88
57	5-10-0120	亚麻仁粕	浸提或预压浸提 NY/T2级	88.0	12.51	10.26	34.8	1.8	8.2	36.6	21.6	14.4	0.42	0.95
58	5-10-0246	芝麻饼	机榨,CP40%	92.0	14.69	12.05	39.2	10.3	7.2	24.9	18.0	13.2	2.24	1.19
59	5-11-0001	玉米蛋白粉	玉米去胚芽、淀粉后面筋部 CP60%	90.1	18.37	15.06	63.5	5.4	1.0	19.2	8.7	4.6	0.07	0.44
60	5-11-0002	玉米蛋白粉	同上,中等蛋白产品 CP50%	91.2	14.90	12.22	51.3	7.8	2.1	28.0	10.1	7.5	0.06	0.42
61	5-11-0008	玉米蛋白粉	同上,中等蛋白产物,CP40%	89.9	13.73	11.26	44.3	6.0	1.6	37.1	29.1	8.2	0.12	0.50
62	5-11-0003	玉米蛋白饲料	玉米去胚芽、淀粉后含皮残渣	88.0	13.39	10.98	19.3	7.5	7.8	48.0	33.6	10.5	0.15	0.70
63	5-11-0004	麦芽根	大麦芽副产品,干燥	89.7	11.42	9.36	28.3	1.4	12.5	41.4	40.0	15.1	0.22	0.73
64	5-11-0005	啤酒糟	大麦酿造副产品	88.0	10.80	8.86	24.3	5.3	13.4	40.8	39.4	24.6	0.32	0.42
65	5-11-0007	DDGS	玉米啤酒糟及可溶物,脱水	89.2	14.64	12.00	27.5	10.1	6.6	39.9	27.6	12.2	0.05	0.71
66	5-11-0009	蚕豆粉浆蛋白粉	蚕豆去皮粉后的浆液,脱水	88.0	15.11	12.39	66.3	4.7	4.1	10.3	13.7	9.7	0.00	0.59

注:表中"—"表示数据不详或暂未测定此项数据;代谢能是根据消化能 * 0.82 估算的。

三、TMR 饲料制作设备及方法

1. TMR 饲料制作设备

TMR 饲料制作过程中对设备的要求比较高，其核心设备是 TMR 搅拌机，带有高精度的电子称重系统。TMR 搅拌机分立式与卧式（见图 4 - 1、图 4 - 2），立式可垂直搅拌，揉搓功能差；卧式即可垂直搅拌又可水平搅拌，揉搓功能强。附属设备有揉碎机、粉碎机、制粒机、压块机等。

图 4 - 1　立式 TMR 搅拌机　　　图 4 - 2　卧式 TMR 搅拌机

2. TMR 饲料制作方法

（1）原料选择。根据羊的营养需要及当地饲料资源状况，选择资源丰富，价格低廉的原料作为生产 TMR 所需的粗饲料（豆科、禾本科和秸秆类混合效果较好）、精饲料及添加剂饲料的来源，注意精粗料比例，粗料不低于 50%。定期对原料进行常规养分测定（尤其是水分变化，每周测定一次），用来调整 TMR 配方。

（2）原料预处理。原料预处理可减少搅拌机负荷，促进混合制剂，如干草要切短，块根块茎要洗净，部分干硬秸秆要浸泡软化。

（3）原料添加。常规投料顺序要遵循先长后短，先干后湿，先轻后重的原则。一般养殖场使用的立式搅拌机投料顺序依次为干草、精料、果渣、青贮等，最后根据干湿情况加水，使日粮水分控制在35%~45%。添加的原料要准确称重，严格按照日粮配方进行。添加过程中，防止石块、金属等杂质混入而损伤机器。

（4）搅拌。搅拌是制作TMR饲料的关键环节，搅拌时间长短与TMR饲料的均匀度及颗粒的长度密切相关。搅拌时间过长，TMR饲料过细，粗纤维含量不足，影响肉羊反刍；时间过短原料混合不均匀，颗粒太长，降低采食量和利用率。一般在最后一批原料添加后再搅拌5~8 min即可，总时间控制在20~30 min。

四、TMR饲料质量鉴定及利用

通过对TMR饲料的颜色、气味、结构进行感观鉴定，一般品质优良的饲料呈青绿色或黄绿色，具有酸香味，略有曲酒味，质地柔软稍湿润，可饲喂各种动物；中等品质的饲料呈现黄褐色或暗绿色，没有香味或较淡，醋酸味强烈，柔软稍干，除妊娠母羊、羔羊外，均可饲喂；劣质饲料为褐色、墨绿色或黑色，臭味，发霉、腐烂或结块，不能作为饲用。饲喂时对羊群按生长阶段分群饲喂，不同阶段饲喂不同日粮，以保证充足的营养供应。定时、定量投料，每天喂2~3次，让其自由采食，将剩料量控制在5%~10%。

第五章 肉用山羊饲养管理技术

第一节 种公羊的饲养

种公羊的优劣，直接关系到后代的品质。俗话说"母好好一窝，公好好一坡"，特别是在开展山羊人工授精时，种公羊的作用更显著。因此，种公羊的饲养管理十分重要。种公羊的基本要求是：保持健康的体格、旺盛的性欲、良好的配种能力、精液品质好、能保证母羊受孕。种公羊每生产 1 ml 精液，需要可消化蛋白质 80 g，还有大量维生素和矿物质，因此，种公羊的饲养需喂给含蛋白质、维生素和矿物质丰富的饲料，尤其在配种期，需要更多的营养成分。

种公羊的饲养特点是营养全面，长期稳定，保持既不过肥、也不过瘦的种用体况，不会形成草腹。公羊精子是由睾丸中的精细胞经过一段较长时期发育形成的，精细胞质量好，产生的精子活力就强。由于形成精细胞的过程很长，因此，供给山羊的营养物质不仅要全面，并且质量需要长期稳定。据测定，山羊精子在睾丸中产生和在附睾及输精管内移动的时间一般为 40～50d，因此在配种前 1.5～2 个月就要增加营养物质的供应量。常年都要加强种公羊的饲养，特别在冬春应该补喂优质的饲草，这样，才能保持种公羊的种用体况。

饲养种公羊应注意以下几个方面：

（1）在配种期提高营养水平，每天补喂混合精料0.5~1.0 kg，同时补喂青干草、胡萝卜等多含维生素饲料和鸡蛋1~2个。

（2）给予种公羊适当的运动，提高精子的活力。一般每天放牧运动6~8h，如果运动不足，会导致食欲不振，消化能力差，影响精子活力。

（3）合理掌握配种次数，每天采精2~3次，连续采精3d，休息1天。

（4）与母羊分开饲养，并做好修蹄、圈舍消毒及环境卫生等工作。

（5）种公羊的更换是3~5年替换，自然交配下，公母比例为1:（20~30）。

此外，后备种公羊的培育，要与母羊分开饲养。公羊生长发育比母羊快，在育成阶段要做好放牧和补饲等管理工作，保持营养物质的相对稳定，使其正常地生长发育。在日常管理中给予充足的运动，保持健壮体况。

第二节　繁殖母羊的饲养管理

繁殖母羊是羊群正常发展的基础，繁殖母羊群体饲养管理的好与坏是羊群能否正常发展，品质能否改善和提高的重要因素。繁殖母羊的要求：生长发育好、正常受孕且有较高的繁殖力，母性好。繁殖母羊妊娠期的饲养管理，会直接影响到胎儿的成活、发育，以及初生重、生长速度和羔羊成活率高。因此，繁殖期母山羊的饲养管理非常重要。

一、配种前母羊的饲养管理

母羊是羊群的发展基础，饲养好坏关系到羊群的品质和发展速度。母羊在配种前期和配种期，应加强饲养管理，舍饲条件下，在配种前 1 ~ 1.5 个月就开始给予短期优饲，使母羊获得足够的蛋白质、矿物质、维生素，保持良好的体况，使其有良好的发情、排卵及受孕情况，母羊发情整齐，排卵数多；放牧条件下，延长放牧时间，选好草放牧，让母羊能吃到大量青绿饲料，尤其是豆科牧草，使母羊能得到丰富的蛋白质、维生素和矿物质，促进卵巢机能活动，发情整齐，卵泡成熟数目增加，成熟时间比较一致，可以产羔集中，多羔顺产，羔羊品质好，对个别体况较差者，应给予短期优饲。如果饲养不好，不易受胎或生双羔少。但母羊如果过于肥胖，使卵巢结缔组织中沉积了脂肪，则会阻碍卵细胞的发育，造成不孕。

二、妊娠期母羊的饲养管理

繁殖母羊妊娠期的饲养管理，会直接影响到胎儿的成活、发育，羔羊的初生重、生长速度和羔羊成活率。因此，繁殖期母山羊的饲养管理非常重要。而妊娠期可分为妊娠前期和妊娠后期。

1. 妊娠前期的饲养管理

母羊的怀孕期为 5 个月，前 3 个月称为妊娠前期，该时期胎儿发育缓慢，增重仅占羔羊初生重的10%（在这期间胎儿主要发育脑、心、肝、胃等主要器官）。需要的营养物质并不比空怀期多，一般放牧均可满足；放牧时，随着牧草的枯黄与短缺，每天应坚持补饲，供应充足的营养物质，满足母体和胎儿生长发育的需要。

2. 妊娠后期的饲养管理

怀孕后期即母羊临产前2个月，该时期胎儿生长发育很快，初生重的90%左右是在这个阶段增加的（骨骼、肌肉、皮肤及内脏等）。母羊对营养物质的需要明显增加，应补喂含蛋白质、维生素、矿物质丰富的饲料，例如青干草、豆饼、胡萝卜、贝壳粉、食盐等。以每天每只补喂混合饲料0.25～0.50 kg为宜。如果母羊怀孕后期营养不足，胎儿发育受到很大影响，初生重小，抵抗力差，成活率低。饲养管理应注意的问题：草料充足，加强补饲（优质青干草、精料），不要喂发霉、腐烂的饲料；放牧时不宜赶得过急，防止流产或早产；减少圈舍饲养密度；出牧、归牧、进出运动场、补饲、饮水时，都要防止拥挤、滑跌，严防跳崖、跳沟；有角或经常打斗的母羊要单独隔离；严禁饲喂发霉、冰冻的饲料；清洁饮水；临产前七天进入产仔舍，做好母羊分娩前的各项准备工作。

三、哺乳期母羊的饲养

母羊刚生下羔羊后身体虚弱，应加强喂养。母乳是羔羊生长发育所需营养的主要来源，母羊营养好，产奶量就高，羔羊发育好，抗病力强，成活率高。实际生产中，按母羊膘情及所带的单、双羔给予不同的补饲标准（特别是产后的前 20～30d）。给予补饲的饲料要营养价值高、易消化，使母羊恢复健康和有充足的乳汁。泌乳初期主要保证泌乳机能正常，细心观察和护理母羊及羔羊。对产多羔的母羊，因身体在妊娠期间负担过重，如果运动不足，腹下和乳房有时出现水肿，如营养物质供应不足，母羊就会动用体内贮存的养分，以满足产奶的需要。因此在饲养上应供给优质青干草和混合饲料。泌乳盛期一般在产后 30～45d，泌乳量不断上升阶段，体内储蓄的各种养分不断减少，体重也不断减轻。在此时期，饲养条件对泌乳机能最敏感，应该给予最优越的饲料条件，配合最好的日粮。日粮水平的高低可根据泌乳量多少而调整，一般来说，在放牧的基础上，每天每只羊补喂多汁饲料 2 kg，混合饲料 0.25 kg。泌乳后期要逐渐降低营养水平，控制混合饲料的用量。羔羊哺乳到一定时间后，母羊进入空怀期，这一时期主要做好放牧和日常饲养管理工作。为减少疾病的发生，羊舍要勤换垫草，保持圈舍清洁干燥。刚分娩的母羊，一周不要出牧，一周以后放牧应由近逐渐到远。

第三节　羔羊的饲养管理

一、哺乳期的饲养管理

1. 喂好初乳

母羊产后 7d 内所分泌的乳汁叫初乳。初乳中含有丰富的蛋白质、维生素、矿物质、酶和免疫蛋白等，其中，蛋白质含量 13.13%，脂肪 9.4%，维生素含量比常乳高 10～

100 倍，球蛋白和白蛋白 6%，球蛋白可增进羔羊的抗病力。矿物质含量较多，尤其是镁含量丰富，具有轻泻作用，可促使羔羊的胎粪排除。所以，初生羔羊最初几天一定要保证吃足初乳。大多数初生羔羊能自行吸乳，弱羔、母性不强的母羊，需要人工辅助哺乳。训练的方法，可将母仔一起关在羊圈内生活 3～5d，人工训练哺乳几次，这样既可使羔羊吃到初乳，也可增强母羊的恋羔性。对缺奶的羔羊要找保姆羊代哺，或人工喂以奶粉、代乳品等。此外，要注意羔羊的防寒保暖，预防羔羊痢疾、口疮等疾病。

羔羊人工哺乳的方法是训练、清洁和四定。

（1）训练。羔羊开始不习惯在奶瓶、奶桶或奶盆中吮乳，应细致耐心地训练。用奶盆喂奶时，将温热的羊奶倒入盆内，一手用清洁的食指弯曲放入盆中，另一只手保定羔羊头部，使羔羊吮吸沾有乳汁的指头，并慢慢诱至乳液表面，使其饮到乳汁。这样经过两三次训练，多数羔羊均能适应此种喂法。但要防止羔羊暴饮，或呛入气管内引起肺部疾病。

（2）清洁。羔羊吮乳后，嘴周围残乳要用毛巾抹拭干净；喂乳用具与羔羊圈舍保持清洁、干燥，羊粪勤扫除，褥草勤更换。

（3）四定。一定时，初生至 20 日龄，每天定时喂乳 4 次，20 日龄以后 2～3 次；二定量，头几天每只每次 200ml，以后根据羔羊的体重和健康状况酌情增减；三定温，乳汁温度应接近或稍高于母羊体温，以 38～42℃ 为适合；四定质，奶汁或乳品均必须清洁、新鲜、不变质。

2. 羔羊的早期补饲

羔羊生后 5~7d，白天仍留羊舍内饲养，母羊可外出就近牧场放牧，中午回来喂奶一次，这样可使羔羊早、中、晚三次吃饱奶。若母仔过早的混群放牧，既影响母羊不能安心采食，又可能造成羔羊感冒、肚疼、腹泻。如果母羊远牧，中午不回来哺羔，待晚上放牧回来，母羊乳房胀得很厉害，加上羔羊饥饿，拼命地顶撞乳房和暴饮，容易造成母羊得乳房炎，羔羊消化不良。

10~15d 比较健壮的羔羊可跟随母羊放牧，但要防止羔羊丢失，并训练羔羊采食青草和精料，使羔羊的胃肠机能及早得到锻炼，促进消化系统和身体的生长发育。15 日龄羔羊每天补喂混合精料 30~50 g，30 日龄 70~100 g，优质青干草 100~150 g。

50 日龄以后应以青粗饲料为主，适当补喂精饲料。精料为玉米、黄豆或豌豆、贝壳粉、食盐等粉碎的混合饲料或颗粒饲料。青干草为三叶草、燕麦草、黑麦草等。总之，以含蛋白质多、粗纤维少、适口性好的饲料为佳。多汁饲料切成条状，与精料、食盐、混合在一起，放在饲槽内喂。干草最好切短也放在槽内喂。喂料的顺序是：先喂粗料，后喂精料。正式补喂饲料时，要按时、定量投喂。吃饱以后，即把草料收走，把饲槽翻转，保持清洁卫生，减少疫病传染。饮水要经常用浅盆摆在运动场上，让羔羊随时饮用。

3. 羔羊的管理

羔羊性情活泼爱蹦跳，应有一定的运动场，供其自由活动。在运动场内可设置草架，供羔羊采食青粗饲料。有条件的还可设置攀登台或木架，供羔羊戏耍和攀登。尤其要注意羔羊吃饱喝足后，即在运动场的墙根下，或在阴凉处睡觉，在阴凉处躺睡羔羊易患感冒，要经常赶起来运动。若发现羔羊发生异食癖，如啃墙土、吞食异物等，表明缺乏矿物质，要注意即时补充。

4. 羔羊的断奶

羔羊到2月龄左右必须断奶，在放牧条件下的本地山羊的泌乳量，已经不能满足羔羊的生长发育需要。及时断奶，既可使母羊恢复体况，再进行配种繁殖，又可锻炼羔羊独立生活能力。断奶的方法多采用一次断奶法，即将母仔断然分开，不再合群，羔羊单独组群喂养。断奶后的羔羊要统一驱虫，按性别、体质强弱分群，转入育成羊阶段。断奶后的母羊，要少喂给青贮、块根等多汁饲料，促进母羊快速干奶。

5. 羔羊编号

为了区分系谱血缘的需要，对出生的羔羊要统一编号。编号方法常用耳标法。耳标法分为金属耳标和塑料牌两种，目前大多数采用塑料耳标。在佩戴前用专门的书写笔写上耳号，用专门的耳号钳佩戴于羊耳上。羔羊个体编号包括场名、出生日期、个体号。羔羊戴耳标的时间一般在出生后20d左右较适宜。

二、断奶至育成羊的饲养管理

育成羊是指从断奶后到第一次配种的幼龄羊。羊的骨骼和器官发育很快，断乳时不要断料和突然更换饲料。羔羊断奶后，公、母羔应分群饲养，并定期抽测体重，补喂精料，目的是为母羊提前达到第一次配种要求的最低体重，提早发情和配种；公羊提早利用和选种。育成羊若忽视饲养管理，轻者减轻体重，重者导致死亡。尤其是产冬羔的羊只，断奶后正值枯草期，若补饲跟不上，可能造成不利影响。而产春羔的羊只，断奶后正值青草盛期，可以放牧采食青草，秋末体重已达 20 kg 左右，一般可以安全越冬。育成羊的第一个越冬期，人们往往对它们不够重视，认为育成羊不配种、不怀孕，放松了补饲，是造成幼龄羊瘦弱、死亡的主要因素。在冬季枯草期，对育成羊群必须加强放牧管理，补饲青干草、农副秸秆、藤蔓等，有条件的还应于每天收牧后每只平均补饲混合精料 200 g 左右。对羊舍要保持干燥、清洁、温暖，要及时预防传染性疾病的防疫注射，定期防治寄生虫病。

为了检查育成羊的发育情况，在周岁以前，可从羊群随机抽出 5% ~ 10% 的羊，固定每月称重一次，检查饲喂效果。采用科学饲养方法，做到均衡饲养的羊群，冬季体重应略有增长。体重急剧下降的，必须立即检查原因，采取针对性的技术措施，如驱虫、补饲等，使育成羊的生长发育达到正常的水平。

第四节　肉用山羊的育肥方法

一、育肥前的准备

养羊专业户、种羊场在年初应确定肉羊生产计划，做好经营管理工作。组织适度规模的羊群，进行去势、驱虫等工作，为后期育肥做好准备。

1. 羊群的组织

一是将不作种用的冬春公羔集中起来，进行育肥。有条件的羊场可组织批量生产，规模 500～2 000 只左右；农区每户可饲养 50～100 只，饲料条件、人力和物力都较好的饲养户，还可扩大规模。育肥肉羊在 8～10 月龄出栏。二是将老、弱、残及淘汰羊组织集中育肥，根据草料条件，组织适度规模的羊群，育肥 3 个月左右出栏。

2. 去势

对不留作种羊的公羔在生后一个月左右进行去势，去势后性情温顺，易于管理。去势的方法常用：

（1）睾丸切除法，即去势时由一人固定羔羊，另一人将阴囊附近的毛剪去，用碘酒消毒，再用消毒过的手术剪刀把阴囊切开，将两睾丸挤出，再用碘酒消毒，防止细菌感染，化脓发炎。

（2）结扎法，即用橡皮筋将阴囊颈部扎紧，阻断与睾丸的血液流通，半个月左右结扎的部位可坏死脱落。

3. 驱虫

在温暖湿润的南方地区山羊容易感染体内外寄生虫，阻碍山羊生长发育。育肥山羊，在育肥前一定要驱虫和药浴。

二、育肥的方式

肉用山羊育肥，根据不同地区的自然条件和饲料资源，通常可分为放牧育肥、舍饲育肥和半舍饲育肥三种方式。

1. 放牧育肥

放牧育肥就是在有一定草山草坡面积的地区采用放牧的方法达到增重、育肥的目的。对当年公羔或羯羔，或无繁殖能力的公母羊，采用放牧育肥方法，一般80～90d就能达到膘肥肉满适宜屠宰的程度。放牧育肥的重点是选择好放牧地点，草场面积宽的地区可采取分区轮牧。充分利用夏、秋季节牧草丰茂的优势，延长放牧时间，早出牧，晚收牧，使羊吃得饱，增膘快，到秋末出栏屠宰率达到最高体重。要做好放牧工作，必须掌握以下技术：

（1）选择好放牧地点：根据不同天然草地的情况，确定适宜的放牧地点和方式。天然草地大致可分为林间草地、草丛草地、灌丛草地和零星草地。在放牧育肥时，应尽量选择好的天然草地放牧、充分利用野生牧草和灌木枝叶在夏、秋季节生长茂盛的特点，做好山羊放牧育肥工作。

（2）采用分区轮牧，提高羊的增重速度和草地利用率。分区轮牧，就是按天然草地的面积和数量划分为若干个小放牧区，按照一定的秩序轮回放牧。分区轮牧有很多好处，一是可使羊只经常采食到新鲜、幼嫩的牧草，适口性好，吃得饱，增生快；二是可使牧草和灌木枝叶得到再生的机会，提高草地的载畜量和牧草的利用率。

（3）放牧育肥的注意要点：人不离羊，羊不离群；防止损坏林木和庄稼；防止兽害和采食有毒植物；定期驱虫、药浴和补喂食盐。

2. 舍饲育肥

所谓舍饲育肥，就是山羊完全在羊舍内喂羊，使羊只获得较高的日增重，在一定时间内达到育肥的目的。这种方法周转快，产肉多，经济效益高，适合集约化、工厂化生产和无放牧草场的地方采用。

（1）舍饲育肥的关键技术是合理配制混合饲料，采用科学的饲喂方法和管理方式。根据不同的品种和体重大小以及日增重情况，调整日粮组成和每天的饲喂量。配制日粮既要考虑日粮的营养价值又要饲养成本低，尽量选用青粗饲料，例如青干草、青草、树叶、农作物秸秆，同时饲喂混合饲料。每天每只羊可喂优质青干草 1～2 kg 或青粗饲料 5 kg 左右，混合饲料 0.5～1.0 kg。对体重大和瘦弱羊只，应酌情增加喂量。

（2）饲喂的顺序是先粗后精，即粗饲料—混合饲料—多汁饲料。喂混合饲料的时间，一般在早晚分两次喂，并防止羊只互相抢食。

（3）喂羊的饲料要清洁、新鲜，调制好的饲料应及时喂完，防止霉变，青贮饲料随取随喂。

（4）块根类、藤蔓及长草类饲料要切碎，以提高饲料利用率。

（5）若能将精饲料、粗饲料和微量元素添加剂加工成颗粒饲料，则育肥效果更理想。

（6）舍饲育肥应注意的问题：每天给羊只供应清洁的饮水；减少羊只的运动量；搞好圈舍消毒和环境卫生。

3. 半舍饲育肥

所谓半舍饲育肥，就是采用放牧与补饲相结合的方法，使育肥的山羊在一定时间内获得较高的日增重，达到育肥

的目的。这种育肥方式适宜于放牧地较少的地区。目前，四川省大多数地方在山羊育肥的后期都采用这种育肥方式。

（1）半舍饲育肥的优点：既能充分利用夏、秋季丰富的牧草，又能利用各种农副产物及部分精料，特别在育肥后期适当补饲混合饲料，可以增加育肥效果。

（2）半舍饲育肥要求：既要抓好放牧工作，又要抓好补饲工作。放牧管理与放牧育肥相同，补饲工作与舍饲育肥有所不同，补饲的饲料量比全舍饲育肥低一些。一般每天每只羊可补喂混合饲料 0.25～0.50 kg，青绿饲料 1～2 kg，出栏前补饲育肥 2～3 个月，可以有效地提高屠宰前体重和产肉量。

第五节　粪污及废弃物的处理

羊场的废弃物一般包括羊场的粪污、药品、污染精料、饲草等废弃物，物品不同，处理的方法也不相同。

一、粪污处理

羊场粪污的处理方法一般为干湿分离，即粪便和尿液分开。粪便处理方法为堆积发酵或直接还田的方式。堆积发酵的方式，建立有发酵用的干粪棚，羊粪要堆积发酵两个月以上才能把粪便里面的细菌杀死。羊粪经生物肥料发酵菌种堆肥发酵，再经耗氧羊粪加工发酵，作为牧草的优质有机基肥，使粪污达到零排放。羊粪直接还田缺点是羊粪对植物的幼苗伤害比较大，很容易直接导致死亡；细菌也不会被杀死，会造成二次感染。尿液等污水的处理要用专门的化粪池和沼气池进行处理。沼气池的容积根据排污量来定，发酵产生的沼气可以用于生活。处理后的污水可用于直接还田。

二、药品废弃物的处理

药品废弃物由于存在不稳定因素，特别是疫苗废弃物，如果处理不好，就会造成环境污染或二次污染，影响生产。装药品废弃物的容器必须结实、不渗水。药品废弃物要及时处理，高污染药品处理后必须及时清洗消毒。药品废弃物进行深埋或者专门的垃圾回收。

三、污染饲料、饲草等废弃物的处理

污染的饲料、饲草等废弃物及时清理出羊舍或仓库，放到专门堆放的垃圾堆，可以堆积进行腐烂；也可以晒干后进行焚烧，用作肥料。

第六节　生产档案的管理

生产档案记录包括羊只配种产羔、生长发育、饲料使用、羊群周转、疾病防治治疗用药记录、免疫及驱虫注射、消毒、病死羊无害化处理等记录。所有记录均采用表格的形式，并按照国家规定时间保存。种羊场还应建立种羊系谱档案和种羊销售记录，并长期保存。

第六章 提高肉用山羊生产性能的关键技术

第一节 肉用山羊选种选配技术

一、肉用山羊选种技术

选种即选出优良的公、母羊留作种用。具体地讲，就是把那些符合期望要求的个体，按相关标准从现有羊群中选出来，组成新的繁殖群或更换现有繁殖群中的老弱病羊。搞好选种，是科学养羊的重要组成部分，是提高养羊生产水平的关键技术之一。农谚说"公羊好，好一坡；母羊好，好一窝"。在我国现阶段，绵羊、山羊选种的主要对象是种公羊。养羊选种的最终目标是：经过多个世代不断地选优去劣，使羊群的整体生产水平逐步提高，或者把羊群变成一个全新的群体或者品种。如果能够选出优秀的个体留作种用，那么羊群的品质就会提高，越选越好，在相同的饲养管理条件下和同样的时间内就可降低饲养成本、增加经济效益。种羊选种时，首先要看体型外貌是否符合品种标准，还要要求其繁殖力和产肉力强。一定要选健康无病、生产性能好、适应性强、耐粗饲、遗传性能稳定，具有本品种特征的羊只。

1. 鉴定

选种要在对羊只进行鉴定的基础上进行。羊的鉴定有个体鉴定和等级鉴定两种，都按鉴定的项目和等级标准准确地进行评定等级。个体鉴定要有按项目进行的逐项记载，等级鉴定则不做具体的个体记录，只写等级编号。进行个体鉴定的羊包括特级、一级公羊和其他各级种用公羊，准备出售的成年公羊和公羔，特级母羊和指定作后裔测定的母羊及其羔羊。除进行个体鉴定的以外都作等级鉴定。等级标准可根据育种目标的要求制定。羊的鉴定一般在体型外貌、生产性能达到充分表现，且有可能作出正确判断的时候进行。羊的鉴定时间：公羊一般在成年，母羊第一次产羔后。为了培育优良羔羊，对初生、断奶、6 月龄、周岁的时候都要进行鉴定。对后代的品质也要进行鉴定，主要通过各项生产性能测定来进行。对后代品质的鉴定，是选种的重要依据。凡是不符合要求的及时淘汰，符合标准的留作种用。除了对个体鉴定和后裔的测定之外，对种羊和后裔的适应性、抗病力等方面也要进行考察。

2. 审查血统

通过审查血统，可以得出选择的种羊与祖先的血缘关系方面的结论。血统审查要求有详细记载，凡是自繁的种羊都应做详细的记载。购买种羊时要向出售单位和个人索取卡片资料，在缺少记载的情况下，只能根据羊的个体鉴定作选种的依据，无法进行血统的审查。

3. 选留后备种羊

为了选种工作顺利进行，选留好后备种羊是非常必要的。后备公羊的数量也要多于需要数，以防在生产过程中有不合格的羊不能种用而数量不足。后备种羊的选留要从

以下几个方面进行。

（1）年龄的选择。理论上，最好选择有繁育经历的成年羊，不宜选择年龄过大的老羊和年龄过小的羊。因为年龄过大的老羊利用时间有限，生产性能下降，而年龄太小的羊无法确定未来的繁殖能力。根据经验，最好选择 2 ~ 3 岁的经产母羊。

（2）种公羊的选留。选择好种公羊，是发展养羊业的重要环节之一。因为一只种公羊能配很多只母羊，对其后代的影响很大。种公羊应具备本品种的外貌特征，有雄性外貌，体高身长，额头宽，嘴稍长头颈结合良好，前胸要求宽、深，背腰宽而平直，四肢粗，腹围不大，两侧睾丸发育匀称且大小适中，无隐睾。活泼好动，眼大有神，健康，毛质好，毛量多。实践证明，从种公羊的臊腥味和鸣叫声，也能判断其性欲的强弱，而且此法非常准确。臊腥味较浓、鸣叫声高昂洪亮的，其性欲都很强。还可通过精液质量检查、后裔鉴定，及时发现和剔除不符合要求的种公羊。

（3）种母羊的选留。种母羊要求体大，前后躯发达，骨盆宽大，腹围宽阔，乳房结构良好，富有弹性，乳静脉明显，乳头大小长短适中。产乳量高，高产期长。采食量大，产仔多，性情温顺、母性强，哺乳性能好。注意：膘情超常的母羊可能没有繁殖力。

（4）后备种羊的选留。选留时，按品种标准中的各项选择指标要求进行，主要考虑四个方面。一是要看父、母代羊，从优良的公、母羊杂交后代中，全窝都发育良好的羔羊中选择。二是选个体，要从初生重和生长各阶段增重快、体尺好、发育早的羔羊中选择。三是要看产羔性能，羊的繁殖力具有遗传性。据统计有双羔育成的母羊，其所产双羔的比例较一般母羊高，特别是第一胎产双羔的母羊，其后代产双羔的重复率较高。双羔或多羔是盈利的主要因素，通常母羊需要第二胎以上的经产多羔羊。四是选后代，要看种羊所产后代的生产性能，是不是将优良性能传给了后代，否则不能选留。

二、肉用山羊选配技术

选配是选种的继续和发展，即在选种的基础上，根据母羊的特性，选择恰当的种公羊与其配种，以期获得理想的后代。选种选配是改良和提高羊群品质最基础的方法。选配的作用在于巩固选种效果，使亲代固有的优良性状和特征稳定地遗传给下一代，把分散在双亲个体上的不同的优良性状结合起来传给下一代，使生产性能逐代提高，实现快速改良和提升羊群品质和生产效益。

选配应遵循的原则是：

（1）为母羊选配的公羊，在综合品质和等级方面必须优于母羊。

（2）为具有某些缺点或不足的母羊选配公羊时，必须选择在这方面有突出优点的公羊与之配种，决不可以用具有相反缺点的公羊与之配种。如想凹背母羊生出平背羔羊，不能用凸背公羊配，而是用背腰平直的健壮公羊配，以达到提高后代品质的目的。

（3）一般情况下，应尽量避免有血缘关系的公、母羊进行配种，即避免近亲交配。如果根据生产要求，需要进行亲缘选配，选配双方要进行严格选择，必须是体质结实，健康状况良好，生产性能高，没有缺陷的公、母羊才能进行亲缘选配，对所生后代必须进行仔细的鉴定，选留那些体质结实、体格健壮、符合育种要求的个体继续作为种用，凡体质纤弱、生活力衰退、繁殖力降低、生产性能下降，以及发育不良甚至有缺陷的个体要严格淘汰。

（4）及时总结选配效果，如果选配效果良好，可按原方案再次进行选配；否则，应修正原选配方案，并更换公羊进行选配。

在生产实践中，选配公、母羊的年龄差异不宜过大，一般青年公羊可配成年母羊；成年公羊可配青年、成年、老年母羊，不允许幼龄公、母羊或老龄公、母羊相配。实践证明，最佳搭配是"壮配壮"，壮年时的生活力最强，生产性能最高，壮年公、母羊交配所生的后代，生活力和生产性能表现最好。其次是"壮配少，少配老"，不宜"幼配幼""老配老""老配幼"。

第二节　肉用山羊纯种繁育技术

一、纯种繁育

纯种繁育是指同一品种内公、母羊之间的繁殖和选育过程。目的是增加群体内优良个体数量和优良基因及基因型频率，继续提高品种质量，同时保持品种内部结构和育种价值。当品种经过长期选育，已具有不少优良特性，并已符合市场经济需要时，就应采用纯种繁育的方法。在纯繁过程中，参与交配的公、母羊可以是有血缘关系的，也可以是没有血缘关系的。

在纯繁过程中，为了进一步提高品种质量，在保持品种中固有的特性、不改变品种生产方向的前提下，应遵循一定的原则：

1. 加强选种选配

要特别注意选种优秀的公羊个体，并扩大其利用率。运用好亲缘选配，以便使个体优良性状变为群体特征。

2. 掌握好淘汰手段

只有对不良个体进行严格淘汰，才可能不断地改善和提高羊群品质。特别是种羊场，绝不可以"以商代种"，要坚持出售种羊的高标准、高质量，提高信誉，提高竞争力。

3. 完善品种内部结构

积极促进羊群分化出类型不同的小群，避免不必要的近交，使品种具有广泛的适应性。对于有特殊优点的种公羊，要及时建立品系，丰富品种内部结构，并通过品系间杂交，全面提升品种生产性能。

4. 注意血缘更新

在采用纯种繁育模式进行肉羊生产时，要注意血缘更新。血缘更新是指把具有一致遗传性和生产性能，但来源不相接近的同品种种羊，引入另一个羊群。由于羊的公、母羊属于同一品种，仍是纯种繁育。

二、本品种选育

本品种选育是地方优良品种的一种繁育方式，通过本品种内的选择、淘汰，加之合理的选配和科学的培育手段，达到提高品种整体质量的目的。凡属地方优良品种的山羊都有某一特殊的突出的生产性能，但品种类型往往不如培育品种整齐一致，因此选择提高的潜力较大，只要不间断地进行本品种选育，品种质量就会得到提高和完善。本品种选育的具体方法如下：

1. 摸清品种现状，制定品种标准

要全面调查研究品种分布的区域及自然生态条件、品种群体数量及区域分布特点、羊群饲养管理和生产经营特点以及存在的主要问题等。

2. 制定鉴定方法及分级标准

选育工作应以品种中心产区为基地，根据该品种代表性个体应具备的经济性状和品种特征制定科学的鉴定方法及分级标准。

3. 分阶段制订选育目标和任务

严格按照品种标准，分阶段（一般以五年为一阶段）制订科学合理的选育目标和任务。然后，拟定切实可行的选育方案，其内容包括种羊选择标准和选留方法、羔羊培育方法、羊群饲养管理、选育区域内协作、种羊调剂办法等。

4. 组建核心选育群（场）

为了加快选育进展和提高选育效果，进行本品种选育时都应该在中心产区组建核心选育群（场），选入核心群（场）的羊只都应该是该品种的最优秀个体。核心场的主要任务是为本品种选育工作培育和提供优质种羊，特别是种公羊。选育群选定后，在避免全同胞近交配种的前提下，进行随机编组交配，第三世代群体近交系数控制在12.5%

以内为宜，根据群体继代选育法的选育原理，严格选留后代种公羊、种母羊。

5. 开展群体继代选育

群体继代选育法是从组建的基础群开始，然后闭锁繁育，根据选育目标进行选种选配，一代一代重复进行这些工作，直至育成符合品种选育目标、遗传稳定、整齐均一的群体。根据《畜禽新品种配套系审定和畜禽遗传资源鉴定技术规范（试行）》，山羊新品种至少要经过 4 个世代的连续选育。

三、良种繁育模式与指标

为了使种羊的优良特性尽快地反映到商品生产中去，就要建立一个合理的繁育模式，即良种繁育体系。一般来说，肉用山羊良种繁育体系像一个金字塔（如图 6-1），顶端部分表示育种场的核心羊群，中间部分是繁殖场的繁殖羊群，基层部分是生产场（或专业户）饲养的商品肉羊。在育种场中，用现代育种技术对种羊不断进行选育和提高，但由于种羊的数量有限，不宜直接推广，其后代除了作为育种场核心群种羊的更新外，主要是进入繁殖场进行繁殖扩群，再由繁殖场提供种羊或配套的杂交组合给生产场（或专业户）用于生产商品肉羊。

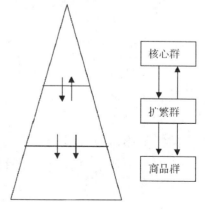

图6-1　肉用山羊良种繁育体系示意图

为了使肉用山羊良种繁育体系良好运作，还应建立人工授精网，实行种羊集中采精、短途运输、分散输精，广泛开展肉羊经济杂交，扩大规模，促进肉羊业向产业化、标准化、商品化方向发展。肉用山羊良种繁育体系中常用的生产性能指标主要有受胎率、繁殖率、产羔率、羔羊成活率、出栏率、商品率等。

1. 受胎率

受胎率是用以比较不同繁殖措施或不同羊群受胎能力的繁殖力指标。常用来评定母羊群的受胎能力和种公羊的授精能力。山羊一般采用总受胎率，即妊娠母羊数占总配种母羊数的百分比。计算公式为：

总受胎率（%）=（妊娠母羊数/总配种母羊数）×100%

此指标一般在每个配种季节结束后统计。计算配种母羊数时，应把有严重生殖疾病的母羊个体排除在外。

2. 繁殖率

繁殖率可以反映羊群在一个繁殖年度的增值效率，它是本年度内出生的羔羊数对上年末存栏的能繁母羊数的百分比。计算公式为：

繁殖率（%）=（本年度产羔羊数/上年末存栏能繁母羊数）×100%

3. 产羔率

产羔率可以反映母羊群的产羔能力，是指出生羔羊数与产羔母羊数的百分比。计算公式为：

产羔率（%）=（出生羔羊数/产羔母羊数）×100%

4. 羔羊成活率

羔羊成活率是指断奶时成活的羔羊数占出生活羔羊数

的百分比，它可以反映羔羊的生活能力和羔羊生产者饲养管理水平的高低。计算公式为：

羔羊成活率（％）＝（断奶成活数/产活羔总数）×100％

5. 出栏率

出栏率是指本年内肉用山羊出栏头数（包括出售头数和自宰头数）占年初肉用山羊存栏头数的百分比。出栏率是衡量肉羊生产水平和周转速度的一项指标。计算公式为：

出栏率（％）＝（年内出栏肉羊头数/年初存栏肉用山羊数）×100％

6. 商品率

商品率是反映肉羊产业生产水平和商品化程度的一项指标，间接地反映了肉羊业劳动生产率水平的高低。计算公式为：

商品率（％）＝（本年出售肉用山羊数/本年内出栏肉用山羊数）×100％

第三节　肉用山羊杂交利用技术

良种利用的最佳途径是杂交。杂交是指用不同品种、品系或种用类群的山羊交配，以产生杂种后代。杂种往往在生活力、生长势和生产性能等方面，在一定程度上优于亲本纯种繁殖群体，即"杂种优势"。杂种优势的产生，主要是优良显性基因的互补和群体中杂合子频率的增加，从而抑制和减弱更多不良基因的作用，提高杂交群体的平均显性效应和上位效应。通过杂交不仅可以有效地改进后代的品质，提高生产性能和产品价值，增强后代对环境的适应性，而且可以育成新品种。在肉用山羊生产中多采用经济杂交，用于改造低产山羊，发展肉羊生产，提高经济效益。杂交利用的目的归纳起来有以下几点：

（1）把不同的品种优良性状结合在一起，提高生产性能。如四川利用吐根堡羊与成都麻羊杂交，其杂种羊不仅保持了成都麻羊板皮品质好的优点，而且产肉性能和泌乳量也提高了。

（2）产生新的性状，育成新品种。我国第一个肉用山羊新品种——南江黄羊的育成就是采用多品种的杂交方式获得亲本的杂交后代，经过 30 多年的不断选育和淘汰，而形成的体尺体重大、产肉性能好和繁殖力高的新品种。

（3）产生杂种优势，获得高产、优质、成本低的商品肉羊。一般来说，品种之间差别越大，杂种优势也就越显著。各杂种优势表现程度一般为：产羔率提高约25%，增重率提高约30%，羔羊成活率提高约40%。

一、杂交亲本的选择与组合

1. 杂交父本的选择

应选择生长快、饲料转化率高、产肉性能好且经过高度选择与培育的品种、品系或种用类群作父本。因为这些性状的遗传力较高，而且容易遗传给后代。在肉用山羊生产中，我国目前可供选择作为杂交父本的品种有波尔山羊、努比亚羊等。

2. 杂交母本的选择

母本需要的数量大，适应性强，容易在本地区推广，繁殖力高，可以生产大量的商品肉羊；母性好、泌乳力强这关系到杂种后代在哺乳期的成活和发育，直接影响杂种优势的表现。因此，应选择本地区数量多、适应性强、繁殖力高、母性好、泌乳力强的山羊品种、类群或品系作为杂交的母本。

3. 杂交组合

肉羊生产要达到集约化、规模化及专业化的目标，饲养的肉羊应具有生长快、产肉性能好、饲料转化率高等特点。根据目前国内山羊品种现状，引入了世界优秀肉羊品种波尔山羊，但我国地域辽阔，地形地貌类型差异大，仅靠少数几个品种推广或改良是有限的。参照国内外发展肉用山羊生产的经验，应因地制宜，研究适合本地情况的杂交组合方式，并推广肥羔生产技术，以建立优质高产的肉羊生产新模式。

二、杂交利用方式

杂交利用方式有多种，包括经济杂交、级进杂交、育成杂交，这里主要介绍经济杂交。

经济杂交就是利用两个品种或多个品种杂交产生的一代杂种羊只供经济生产之用，而不作种用。一代杂种具有较好的杂交优势，生命力强，生长发育快，这一杂交方式已广泛使用于发展肉羊生产。为了掌握不同山羊种群通过杂交所表现的杂种优势程度或杂交效果好坏，需进行配合力测定。配合力分为一般配合力和特殊配合力两种。一般配合力是指一个种群与其他各种群杂交所获得的平均效果，如南江黄羊分别与许多山羊地方品种杂交效果都很好，这就是它的一般配合力很好。特殊配合力是两个特定种群之间杂交所获得超过一般配合力的杂种优势。

1. 杂种优势率的计算方法

$$杂种优势率\ H（\%）=\frac{F_1-P}{P}\times100\%$$

H 表示杂种优势值，F_1 表示一代杂种平均值，P 表示亲本群平均值。

计算举例：我省某县本地山羊周岁体重 17.2 kg，南江黄羊纯种羊周岁体重 30.08 kg，南江黄羊与本地山羊一代杂种羊周岁体重 44.48 kg，杂种优势率为：

$$H（\%）=\frac{44.48-（17.2+30.08）/2}{（17.2+30.08）/2}\times100\%=88.16\%$$

计算结果说明，杂种羊周岁体重的杂种优势率达到 88.16%，即配合力很高。

2. 配合力测定的技术原则

（1）试验样本的选择、起止时间、预试期安排、饲料饲草消耗、饲喂方式及称重等均应详细记录。

（2）主要测定指标：产羔数、初生重、双月断奶重、六月体重体尺、屠宰前体重、胴体重、屠宰率、净肉率等。

（3）要求与同期产羔的本地羊作对照组测定。

（4）试验中杂交组和对照组各方面的要求应尽量一致，每组应达到一定的数量，不少于 30 只。

3. 杂交效果预测

利用肉用品种改良本地山羊，发展肉羊生产，杂种羊的杂种优势如何应进行配合力测定，但配合力测定费钱又费时，品种又较多，不可能都进行杂交组合试验。只有根据家畜遗传改良的原理，估计较好的组合进行测定。这样，既节省人力物力，又有利于杂种优势利用工作的开展。

第七章　肉用山羊场建设与设施设备

第一节　肉用山羊养殖区域条件与布局

一、肉用山羊养殖区域条件

肉用山羊养殖时，场址的选择关系到养羊成败和经济效益，也是羊场设计遇到的首要问题。选择羊场场址时，应对地形、地势、土质、水源，以及居民点的配置、交通、电力等物资供应条件进行全面的考虑。场址选择除考虑饲养规模外，还应符合当地的土地利用规划要求，充分考虑羊场的饲草饲料条件，以及羊的生活习性和当地的社会自然条件。

1. 气候

在自然生态因素中，气温是对肉用山羊影响最大的生态因子，直接或间接影响肉用山羊的健康和生产力。气温过高，羊机体散热受阻，体内蓄热，体温升高，采食量下降，会出现喘息甚至中暑；气温过低，羊机体散热增加，为维持体温，就必须提高代谢率，增加产热量，因而造成饲料消耗过多，当营养供应不足时，会出现掉膘现象。山羊最适温度一般为 0 ~ 26℃。

2. 土地条件

羊场选址应是干燥、平坦、背风向阳的地势，地下水位在 2 m 以下。山区防止建在山顶或山谷，地势倾斜度在 1%～3% 为宜，大山区最大不超过 25%。使羊只处于干燥、通风、凉爽的环境中。羊场的地形要求开阔、整齐、有足够的面积；尽可能占用非耕地资源，充分利用荒坡；场址的土壤未被有机物污染，以砂壤土最好。

3. 饲草、饲料条件

在建羊场时要充分考虑放牧场地与饲草饲料条件。本着尽可能就地供应的原则解决好饲草供应问题，要求周围及附近要有丰富的饲草资源，特别是像玉米秆、红薯藤、大豆秆等优质农副秸秆资源。饲料基地的建设要考虑羊群发展的规模。

4. 牲畜种源条件

在羊场建设前要充分了解当地和四周的疫情，不能在疫区建场，特别注意附近的兽医站、畜牧场、集贸市场等距拟建场地的距离、方位、有无自然隔离条件等。

5. 其他条件

羊场要求交通便利，便于饲草饲料运输，特别是集约化的商品羊场和种羊场，应保证交通便利。为了防疫卫生，羊场周围要有围墙或防疫沟，并建立绿化隔离带，羊场与交通要道的距离至少要在 50 m 或以上。羊场建设时，还应重视供电条件，特别是集约化程度较高的羊场，必须具备可靠的电力供应。

二、肉用山羊养殖场规划布局

1. 规划布局的基本原则

在羊场总体规划布局时，通常分为职工生活区、生产管理区、生产区和隔离区（见图 7－1），布局时既要考虑卫生防疫条件，又要照顾各区间的相互联系。在羊场布局上，要着重考虑主导风向、地形和各区建筑物之间的距离。为了减轻劳动强度，应尽量做到建筑物紧凑配置，以保证最短的运输、供电和供水线路，并便于机械化操作。

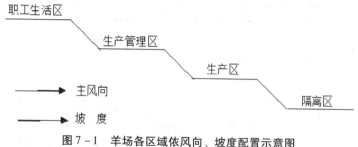

图 7－1　羊场各区域依风向、坡度配置示意图

羊场生产区主要布置在生活管理区主风向的下风向或侧风向，羊舍应布置在生产区的上风向，隔离羊舍、污水、粪污处理设施和病、死羊处理区位于生产区主风向的下风向或侧风向，距离羊舍 500 m 以上（见图 7－2）。生活区与生产区隔离，外来人员未经允许和妥善消毒不得进入生产区。生活区应略靠近交通干线，在上风向的上坡位，距离生产区 50 m 以上。羊舍应布置在生产区域的上风向，平行排列整齐。并列两行羊舍端墙之间应有 15 m 间隔，既可保证最短运输，又可有较好的采光和通风，前后两栋羊舍之间的距离在15～20 m。

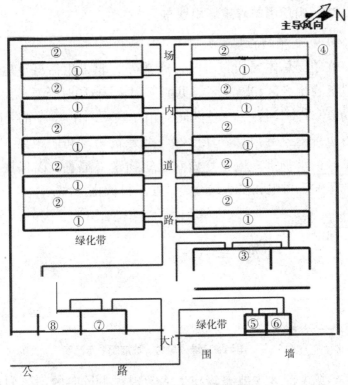

图 7 - 2　羊场平面布局示意图

说明：①羊舍；②运动场；③饲料加工及草料贮存库房；④隔离室、兽医诊疗室、无
害化处理区；⑤氨化池；⑥青贮池；⑦培训、办公楼、职工宿舍；⑧职工宿舍。

2. 圈舍规划

　　肉羊生产中，圈舍规划要根据养殖经营模式和养殖工
艺流程来确定。目前，四川省大多数养殖场采用自繁自养
的方式，要求羊舍的种类要齐全，繁殖母羊舍、公羊舍、
产羔舍、后备羊舍、育肥羊舍、隔离羊舍等都要有，以保
证生产工艺流程的需要。羊舍种类确定后，就要根据饲养规
模确定各类羊舍的面积。通常羊的占地面积为：公羊单圈饲

养 4~6 m²/只，公羊群养 2~3 m²/只，繁殖母羊 1~2 m²/只，青年公羊 0.7~1 m²/只，青年母羊 0.7~0.8 m²/只，断奶羔羊 0.2~0.3 m²/只，商品肥羔（当年羔）0.6~0.8 m²/只。

3. 草料贮藏、加工规划

在牧区或农牧结合区，要有足够的四季牧场和打草场；在南方草山草坡地区，要有足够的轮牧草地；而以舍饲为主的农区，要有足够的饲草、饲料基地或便利的饲草来源，饲料尽可能就地解决。在确定养羊规模的大小时，要根据人工草地面积、土壤状况、牧草产量和其他饲料来源情况来决定养羊规模。在羊场建设布局规划中，饲草料加工、贮藏区应与羊舍保持一定距离，饲料加工车间应远离产羔羊舍和种公羊舍，避免造成噪音应激。用于贮存精料、预混料和粗饲料的饲料库要保持通风、干燥，并防鼠、防鸟。

4. 粪便处理规划

羊是反刍动物，饮水量较少，所以粪便干而细，排粪量小，羊粪尿的比例约为 3∶1，1 只羊 1 年的排粪总量约为 500~750 kg，排尿 180~200 kg。羊粪中含有大量的有机物，且有可能带有病原微生物和各种寄生虫卵，如不及时处理和合理利用，将造成严重的有机污染、恶臭污染和生物污染，成为环境公害危害人、畜的健康。羊粪是一种速效、微碱性肥料，有机质多，肥效快，适于各种土壤施用。羊粪在用作肥料时，必须事先堆积发酵处理，以杀死绝大部分病原微生物、寄生虫卵和杂草种子，同时抑制臭气的产生。羊场粪污处理区应距羊舍 100 m。

5. 水源、电源、道路等基本条件规划

肉羊生产中，应保证水源供应充足、水质良好。要求上游无严重排污厂矿，是非寄生虫污染危害区，以泉水、井水、溪水和自来水较理想，不能让羊饮用池塘或洼地的死水。羊场应建在水源的下风向，不紧邻交通要道，又兼顾饲草运输、羊产品销售等。同时，要考虑能源供应充足，电信条件快捷。羊场与场外运输连接的主干道宽 6 m，运输支干道宽 3 m。羊场内的道路应区分净道、污道，并做到净道、污道互不交叉。

第二节　羊舍建筑

羊舍是羊生活的主要环境，羊舍的建筑是否有利于羊只各方面需要和养羊产业的发展，在一定程度上成为养羊成败的关键因素。我国南方地区主要以饲养肉用山羊为主，山羊的生物学特性是喜干燥、清洁，厌潮湿和污秽的环境。一般认为，气温在 15～23℃，相对湿度在 50%～70%，鼻闻无臭味刺鼻的环境下，对羊群的生长发育最适宜。因此，舍饲羊舍的建筑必须根据不同地区的气候特点来确定和建设。

一、羊舍建造的基本原则

1. 符合羊的生理特性

羊舍建造应考虑不同生产类型的特殊生理需求，以保证羊群有良好的生活环境，包括温度、湿度、空气质量、光照和地面硬度等。羊舍修建应兼顾既有利于夏季防暑，又有利于冬季防寒保暖；既有利于保持地面干燥，又有利于保证地面柔软。

2. 因地制宜，经济实用

羊舍建造应因地制宜，讲究实效，节约投资，充分考虑当地的气候、场址的地形地貌、土质及周边的实际情况。

3. 结实牢固, 造价低廉

羊舍修建过程中, 应尽量做到就地取材。羊舍及内部设施, 特别是圈栏、隔栏、圈门、饲槽等一定要修得特别牢固, 以减少以后维修的麻烦。

4. 符合生产流程

羊舍设计时应考虑羊群的组织、调整和周转, 草料运输和饲喂, 粪污清理, 以及称重、防疫、试情、配种、接羔等。羊舍建造应符合生产流程要求, 能保证生产的顺利进行和畜牧兽医技术措施的顺利实施。

5. 符合卫生防疫要求

羊舍建造要符合卫生防疫需要, 要有利于预防疾病传播和减少疾病的发生和传播。通过对羊舍科学设计和修建, 为羊只创造适宜的生存环境, 为防止和减少疾病发生提供保障。

二、羊舍建造

四川省农区年均温差小, 夏季高温高湿、冬季低温高湿, 根据山羊喜干燥、清洁, 怕潮湿的特性, 在四川省农区主要推广高床羊舍。编者结合多年的养羊生产实际设计了一种双列式漏粪地板羊舍, 已经广泛推广运用, 现列举如下供广大养殖户参考。

1. 双列式羊舍平面设计

根据山羊群居的特性, 单圈长 5 m、宽 4 m, 可饲养母羊 10 只。为便于饲养管理, 饲料饲草通道宽设计为 1.5 ~ 2.0 m (见图 7 - 3)。

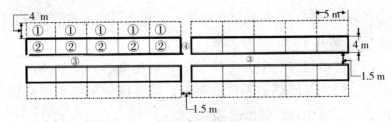

图7-3 羊舍平面示意图

说明：(1) 符号说明：①运动场；②圈舍；③饲料饲草通道；④过道。

(2) 羊舍面积400 m²，运动场面积800 m²。

2. 双列式羊舍侧面设计

根据四川省农区的气候特点，羊舍门设计为高2.5 m、宽1.5 m，羊舍高4~4.5 m，便于通风换气（见图7-4）。

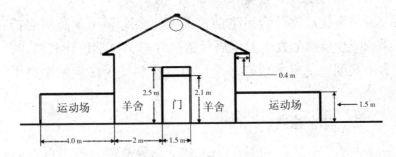

图7-4 双列式羊舍侧面示意图

3. 羊舍结构

食槽距地面为50 cm，漏缝地板距地面80 cm，设计了圈门和窗户，其中圈门高100 cm、宽90 cm，窗户距漏缝地板120 cm（见图7-5）。

3. 饲草架

羊爱清洁，喜吃干净饲草。利用草架喂羊，可避免践踏饲草，减少浪费。饲草架的形式多样，有"V"形草架，有靠墙设置的草架。一般木制或竹制草架成本低，容易移动，在放牧或半放牧饲养条件下实用。

二、药浴设施

药浴设施指建造一个药浴池，定期给羊群进行药浴，目的是防治疥癣等体外寄生虫病的发生，多在夏、秋季节使用。药浴池一般为长方形，池深 1 m，长 10～15 m，上口宽 60～80 cm，底宽 40～60 cm，以一只羊能通过而不能转身为度。入口处设漏斗形围栏，入口坡较陡，羊群依次滑入池中洗浴。出口处为缓坡，以利于羊浴后攀登，并设滴流台，使药浴后羊只身上多余的药液流回药浴池内。羊群较小时，可以用小型的药浴槽、药浴缸等代替。

三、青贮设施

为制作和保存青贮饲料，应在羊舍附近修建青贮设施，主要的青贮设施有青贮池（窖）、青贮袋等。

1. 青贮窖

按照窖的形状，可分为圆形窖和长方形窖两种。按照窖的位置，可分为地上式、半地下式和地下式三种。青贮窖应选择地势高、干燥、地下水位低、土质坚实、离羊舍近的地方，窖底、窖壁应用砖、水泥砌成。窖壁光滑、坚实、不透水、上下垂直，窖底呈锅底状。青贮窖大小、多少可以根据羊只数量和青贮制作量而定。青贮窖的优点是造价较低，便于机械化作业。青贮窖可大可小，能适应不

同生产规模。缺点是贮存损失较大。

2. 青贮袋

利用塑料袋形成密闭的环境，进行饲料青贮。袋贮的优点是方法简单，贮存操作灵活，不受气候和场地限制，袋的大小可根据需要调节，饲喂方便，浪费损失少，运输方便。为防止穿孔，宜选用厚度 0.2 mm 以上的塑料袋，可用两层。塑料袋可放在舍内保存，其间，应注意严防鼠害。

四、通风设备

封闭式羊舍通常采用机械通风，用机械驱动空气产生气流。一般为负压通风，用风机把舍内的污浊空气往外抽，舍内气压低于舍外，舍外空气由进气口入舍。风机装置安装在侧壁或屋顶。羊舍通风不建议采用吊扇压风，压风搅动下层氨气和水分，加速氨气散发和水分蒸发，增加了羊舍的氨气浓度和湿度，不利于羊只生长。

五、饲草料加工设备

没有先进的养羊机械，就没有高效益的养羊业。尤其是在以盈利为目的的规模化肉羊场，更需要通过使用适宜的机械，来提高劳动生产率，降低劳动成本。规模化羊场的饲草料用量很大，一般要配备必要的饲草料加工设备，包括饲料粉碎机、饲草切碎机、饲草揉搓机、饲料混合机、割草机等。

1. 饲料粉碎机

饲料粉碎机主要是用于粉碎各种饲料和各种粗饲料，饲料粉碎的目的是增加饲料表面积和调整颗粒度。增加表面积提高了适口性，且在消化道内易于消化液接触，有利于提高消化率。调整颗粒度一方面减少了羊咀嚼耗用的能力，另一方面使贮存运输、混合、制粒更方便，饲料质量更好。常用的饲料粉碎机有锤片式粉碎机和爪式粉碎机两种。

2. 饲草切碎机

饲草切碎机主要用来切断茎秆类饲草，如谷草、干草、各种青饲料及农作物秸秆等。饲草切碎机按机型种类可以分为大型、中型和小型。小型饲草切碎机常称为铡草机，农村应用很广泛，主要用来铡切稻草、秸秆等；大型饲草切碎机常用于大型规模化养殖场，主要用于切碎青贮料；中型饲草切碎机一般可以作为铡草和铡切青贮料两用。养羊场选用时，要求切割长度能在 3 ~ 10 cm 范围内调节，切割各种作物茎秆、牧草、青饲料，压碎粗硬秸秆，切茬平整，喂料、出料机械化，运转符合均匀，能量消耗小。

六、消毒设施

在肉羊场的生产区、隔离区要设置进出车辆消毒池。每栋羊舍也要有工作人员进出消毒池。生产区入口设置消毒间，供工作人员进出更衣消毒。羊场入口消毒池一般长 4 ~ 5 m，宽 3 ~ 6 m，深 0.1 ~ 0.3 m，池底要有一定的坡度，池内设排水孔。消毒室内应配备工作服、工作帽及胶鞋，室内装有喷雾消毒装置。

七、其他设备

标准化养殖场的其他养殖设备主要包括日常诊疗设备、人工授精设备、粪污处理设备等。

第八章　肉用山羊疫病防控技术

第一节　肉用山羊健康观察和综合防治

一、健康检查

1. 眼和鼻的检查

健康的羊眼结膜为淡红色、湿润；鼻腔黏膜潮湿红润、鼻孔周围干净。病羊眼结膜呈苍白、发黄、潮红或赤紫色，鼻腔黏膜潮红、苍白、发黄或发绀，鼻孔内有脓液、发臭的污物、黏液，鼻孔的温度偏高等。

2. 口腔检查

健康羊口舌红润无臭味；病羊舌干、口燥，口内有黏液和异味，舌面有苔呈黄、黑、赤、白或有溃烂、脓肿等。

3. 体温

健康成年羊清晨体温38.5℃左右，羔羊略高，约39℃。下午比清晨高0.5℃，高于或低于这个体温都不正常，为病态。

4. 脉搏与心跳检查

健康羊脉搏每分钟70～80次，搏动均匀。

5. 呼吸检查

健康羊每分钟呼吸18～24次。

6. 其他

对粪便、被毛、尿液、体况、采食、放牧、神态、反刍等进行观察：健康羊粪便成球形，被毛光滑，尿液清亮、无色或微黄，采食迅速，神态自然、反应敏捷，日反刍4～6次，每分钟咀嚼40～60次，昼夜反刍，采食—反刍达6个轮回，反之则为不正常。

二、病羊的识别与诊断

1. 病羊识别

（1）采食的观察：健康羊采食迅速，行动敏捷；病羊不愿采食或食欲不佳、远离羊群，呆立于围栏、墙边或卧地不起。

（2）神态与反刍观察：健康羊精神饱满、翘尾、四处跳跃行走，反刍和咀嚼持续有力；病羊则夹尾或尾下垂，随意倒卧，不反刍。

（3）排粪观察：健康羊排粪顺畅、粪便成椭圆形，有时粪便成球形连接在一起，较软、颜色黑亮；病羊排粪出现拱腰、努责，粪便干结无光泽或上面沾有黏液、脓血、虫卵等，肛门周围、臀部及尾根常被粪、尿沾污而不洁，有时拉稀。病羊频频拱腰可能是腹痛、胃肠炎。

（4）尿液检查：健康羊每天排尿3～4次，尿液清亮无色或微黄；羊排尿次数过多、过少和尿量过多、过少，尿液的颜色发生变化、排尿痛苦、失禁或尿闭均为羊患病的表现。

（5）被毛观察：健康羊被毛整洁、紧密、不脱落、有油汗、表面有光泽，在阳光照射下闪闪发亮；而病羊毛枯黄、凌乱、无光泽、易脱落。健康羊皮肤、眼结膜红润有弹性，病羊皮肤无弹性。

（6）头部状况观察：健康羊眼明亮、有神、耳朵灵活；病羊目光呆滞、流泪、眼鼻分泌物增多、头部被毛粗乱。羊患有某些疾病时，可导致头部肿大、头偏向一侧，左右转或向上仰的现象。

2. 羊病诊断

羊病诊断常用的方法有：临床诊断、病理解剖、实验室诊断（化验）等。其中，临床诊断是诊断羊病最基本的方法，包括问诊、视诊、嗅诊、触诊、叩诊、听诊。

（1）问诊：问饲料、饲养、病史、流行病学、现症调查。

（2）视诊：直接观察病羊的精神状态和呈现的各种异常变化（放牧、采食、运动、膘情、被毛、皮肤、黏膜和粪便等情况）。

（3）嗅诊：嗅闻病羊的分泌物、排泄物、呼出的气体和口腔的气味等。

（4）触诊：用手指、手掌或拳头触压被检查部位，感知其硬度、温度、压痛感、移动性和表现状态，以确定病变的位置、大小和性质。

（5）叩诊：即通过手指或叩诊器（叩诊锤或叩诊板）叩打羊的相应部位所发生的不同声音来判断被叩击部位组织器官有无病理变化的一种诊断方法。

（6）听诊：即用听诊器直接听心脏、肺脏和腹部的一种检查方法。

羊体温检查很重要，羊的正常体温是 38.5～39.5℃，小羊比大羊高 0.5～1℃，下午比清晨高 0.5℃。检查时，将体温表的水银柱甩到 35℃ 以下，涂上润滑剂，缓慢插入肛门，经 3 ~ 5 min 后取出。从羊的体温中可以作出以下判断：温度高是炎症、传染病、感冒、流感；正常略偏低是慢性中毒；低温是肠毒血症和病的后期，很危险。

三、羊疫病防治综合措施

1. 加强饲养管理，提高羊只对疾病的抵抗力

"三分药、七分养"，即三分靠药，七分靠饲养。不论放牧或舍饲，饲养管理上应解决的核心问题是饲草饲料的均衡供应和营养的平衡、全面与稳定。饲草饲料不要大起大落、饥饱不均，营养不能失去平衡。放牧羊根据季节、羊只体况适时补饲，舍饲羊组织好草料调配，安排好生产环节。羊场坚持自繁自养和严进严出的原则，不宜经常引种，更不应经常大批量引种。

2. 搞好羊场的环境卫生，坚持消毒制度

环境卫生包括羊圈、羊床、场地、用具、鼠害、虫害、饲草、饮水等。对羊舍、地面土壤、粪便、污水、饲槽用具、兽医诊疗器械及用品、兽医诊疗室定期进行消毒。

3. 对羊常见传染病进行严格的预防接种

除规范预防接种某些烈性传染病外，还应对本地区常见疫病进行接种，这是有效预防和控制传染病的重要措施之一。

4. 饲料添加剂的应用

饲料添加剂能促进羊的生长发育，增强其抗感染的能力，降低应激反应提高免疫力。

5. 定期驱虫

寄生虫对羊的危害很大，主要是吸取羊体的营养并产生毒素，毒素损伤可引起继发感染。

6. 防暑保暖

夏天湿热，要做好通风换气，避免羊中暑。冬春寒冷季节，要做好保暖工作，严防贼风，避免羊只感冒。

四、给药方法

1. 直接给药

（1）口服法。包括自行采食法和灌服法。

采食法是将药物按一定的比例拌入饲料或饮水中，让羊自由采食或饮用。其方法是根据羊个体的重量计算好用药量，放入碗内或盆内再拌入一些盐水，将羊嘴按入碗内或盆内，羊即会自由舔食直至舔食完毕。

灌服法是将药液或药片加入到装有少量水的灌药筒内，抬高羊的嘴巴，给药者一手拿灌药筒，一手的食指和拇指从羊的口角伸入口中轻轻压迫舌头，羊口即张开，将灌药筒伸入羊口并压住气管口同时将药、水倒入。

（2）灌肠法。即将药物配成液体，用灌肠器直接灌入直肠内。若治疗便秘需温水灌肠，若治疗泻痢则冷水灌肠。

（3）胃管法。有经鼻孔插入法和经口腔插入法，该法适用于灌服大量液体和刺激性药物。

2. 注射给药

注射给药可分为皮下注射、肌肉注射、皮内注射和静脉注射。

（1）皮下注射。在颈部或股内侧皮肤松软处，用碘酒消毒后，用左手中、食、拇指形成三角形捻起注射部位皮肤，针头从食指前方刺入皮下，针头能自由运动即可迅速注入药液，皮下鼓起小包，注毕拔出针头再消毒一次。

（2）肌肉注射。在臀部正中或上外 1/4 处或颈侧肩胛前缘部，用碘酒消毒后以左手拇指、食指成"八"字形压住注射部位的肌肉，右手持注射器针头向肌肉垂直刺入即可注药。注射完毕用碘酒棉球消毒，肌肉注射后注射部位不会起包。

（3）皮内注射。将羊的尾巴往羊背侧翻，在羊尾内侧无毛区，用细小针头轻轻穿刺其皮内即可注药，注药后注射部位鼓起圆圆的小包。

（4）静脉注射。将羊站立保定或横卧保定，用一手的拇指压迫颈静脉沟处的颈静脉血管使其血管扩张，用碘酒消毒后，另一只手的拇、食指持针头以 30～40℃ 角度刺入静脉内。如有血液回流再将针头沿血管方向轻轻在血管内上移以使针头进入血管深处，检查针头仍在血管内即可缓慢注药，完毕用酒精棉球压住刺入孔、拔针。如药液量大，用几只 50 ml 注射器轮换给药或静脉滴注。

3．气管内注射

注射时侧卧保定羊，使其头高臀低，在气管下 1/3 处两环骨间垂直刺入，有空荡感并有气泡时缓慢注入药液。若需两侧肺部注入药物，需注射两次，第一次注射后将羊翻转取另一侧卧姿势，采用相同方法进针注入药液。该注射方法适用于治疗气管、支气管和肺部疾病，也常用于肺部驱虫。

4．皮肤及黏膜给药

通过皮肤和黏膜吸收药物使药物在全身和局部发挥治疗作用。常用的给药方法有滴眼、冲洗眼睛、滴鼻、皮肤局部涂擦、浇泼、埋藏等。

五、羊用药应注意事项

（1）二月龄以上的羊在使用磺胺和抗生素类药物时宜肌肉、皮下或静脉给药，若口服以上药物会杀死瘤胃内的细菌和纤毛虫，打破其生态平衡易造成新的病患。

（2）羊属低血糖动物，大量注射葡萄糖，人为造成高血糖有害而无益。

（3）瘦弱羊、传染病中后期的病羊因肝、胆、肾功能严重受损，此时若大量输液，会造成水中毒而加快羊只死亡。这时只能清肝利胆，保护肝、胆、肾，让其慢慢恢复其自身的功能。

（4）怀孕母羊用地塞米松等药物，容易引起母羊流产。

六、羊场常备药物和器械

1. 常用疫苗

传染性胸膜肺炎疫苗、三联四防疫苗、羊痘疫苗、口蹄疫苗等四种，另再根据地方流行病备用羔羊痢疾疫苗、炭疽疫苗、口疮疫苗等。

2. 常用治疗药物

止泻药有阿托品、痢菌净、黄连素、庆大霉素、链霉素等；治疗感冒、发热、流感的药物有柴胡针剂、青霉素、链霉素、头孢菌素、卡那霉素等；驱虫药有左旋咪唑、吡喹酮、阿苯达唑、丙硫咪唑、长效内外净、伊维菌素、精制敌百虫、双甲脒等。

3. 常用消毒药物

直接作用于羊身体上的消毒药有：3%碘酒、新洁尔灭0.01%～0.05%或0.1%、高锰酸钾0.1%～0.2%、鱼石脂、

1%～3%过氧化氢（双氧水）、1%甲紫（龙胆紫）、75%酒精溶液等。

消毒羊舍的药物：从形状上可分为水剂如菌毒杀、百毒杀、煤酚皂溶液等；粉剂如敌百虫粉、高锰酸钾、烧碱（苛性碱）、漂白粉、生石灰等。从性能上可分为杀虫性消毒药（如敌百虫、双甲脒、螨净等）、杀灭细菌的消毒药、杀灭病毒的消毒药和杀灭细菌、病毒、真菌的混合型消毒药四种类型，如菌毒灭（苯扎溴铵溶液）。

4. 常用器械

一次性手套、消毒用胶手套、各种型号注射器、手术刀柄、刀片、持针钳、止血钳、直剪、毛剪、瘤胃穿刺针、通乳针、方瓷盘、出诊箱、听诊器、兽用体温表、消毒喷雾器等。

第二节　羊场卫生与防疫

一、严格执行消毒制度

消毒是阻止病原微生物进入羊体的最后一道屏障，也是最重要的一道，适度规模养殖场及散养养殖户均建立消毒制度。消毒包括经常性消毒、定期消毒及突击消毒三类。

经常性消毒是指对饲养员、治病器具等进行无疏漏的消毒，如入场消毒、入舍消毒、工作服消毒等。

定期消毒是指每隔一定期限就对羊场及附属设施进行的全面消毒。定期消毒的时间间隔不等，疫病高发的冬春季节消毒时间间隔应比平时的短。

突击消毒是指当场内或附近发生某种疫病时后，对羊场、附属设施、羊场周围、一切进出人员及车辆进行的彻底的消毒。突击性消毒应根据爆发的疫病种类选择相应的消毒药物及消毒方法。

1. 环境消毒

羊舍周围环境（包括运动场）定期用2%的烧碱或撒生石灰消毒；羊场周围及场内污水池、排粪坑和下水道出口，定期用漂白粉消毒。在羊场大门口和羊舍入口设消毒池，并定期更换消毒液。

2. 人员消毒

工作人员进入生产区，要更换工作服、工作鞋，并经紫外线照射5 min 进行消毒。外来参观者进入场区参观时，应更换场区工作服、工作鞋，经紫外线照射5 min 进行消毒，并遵守场内防疫制度，按指定路线行走。

3. 羊舍消毒

每批羊只出栏后，应将羊舍彻底清扫干净，用水冲洗，喷洒规定浓度的消毒液消毒。

4. 用具消毒

定期对饲喂用具、料槽和饲料车、料桶等饲养用具进行消毒。日常用具（如兽医用具、助产用具、配种用具等）在使用前后应进行消毒和清洗。运羊车辆在运输前后应进行消毒。

5. 羊体消毒

助产、配种、注射、治疗等任何对羊只进行接触操作前，应先将羊有关部位进行擦拭消毒，以保证羊体健康。

二、制定合理免疫程序，做好免疫接种工作

1. 制定免疫程序，做好疫苗接种

免疫预防是控制传染病最有效的方法。各地要根据当地羊病发生和流行情况，建立疫情档案，科学地选择适合本地区本场的高质量疫苗，制定常年免疫程序，合理地安排疫苗的接种时间和方法，保证疫苗免疫效果。羊场常用疫苗见表8-1。

表8-1 常用羊病疫苗

名称	预防的疾病	使用方法及用量说明	免疫期
小反刍兽疫活疫苗（Clone9株）	羊小反刍兽疫	用生理盐水稀释，颈部皮下注射	36月
羊口蹄疫O型—亚洲I型二价灭活疫苗	羊口蹄疫	肌肉注射，每只1 ml，3～4周后进行二免。怀孕后期（临产前1.5个月）的母羊及断奶前幼羊慎用	6月
羊痘鸡胚化弱毒苗	山羊痘	用生理盐水按要求稀释、摇匀，不论羊大小，皮内注射0.5 ml，注射后6d产生免疫力	12月
山羊传染性胸膜肺炎氢氧化铝苗	山羊传染性胸膜肺炎	山羊皮下或肌肉注射：6月龄山羊5 ml；6月龄以下羔羊3 ml	12月
羊肺炎支原体氢氧化铝灭活苗	由绵羊肺炎支原体引起山羊传染性胸膜肺炎	颈侧皮下注射。成羊3 ml，6月龄以下羊2ml	12月
羊厌气菌氢氧化铝甲醛五联苗	羊快疫、猝疽、羔羊痢疾、肠毒血症、羊黑疫	无论羊大小，一律肌肉或皮下注射3 ml	暂定6月
羊梭菌病四防苗	羊快疫、猝疽、羔羊痢疾、肠毒血症	无论羊大小，一律肌肉或皮下注射5 ml	暂定6月

续表

名称	预防的疾病	使用方法及用量说明	免疫期
II炭疽芽孢苗	山羊的炭疽病	皮下注射1 ml，注射后14d产生免疫力	12月
破伤风类毒素	破伤风	怀孕母羊产羔前1~2个月免疫，颈部皮下注射0.5ml，一月后产生免疫力；第二年再注射1次，免疫期可持续4年	12月
破伤风抗毒素	紧急预防和治疗破伤风病	皮下或静脉注射，治疗时可重复注射1至数次。预防量1万~2万IU；治疗量2万~5万IU	2~3周
羔羊大肠杆菌病苗	羔羊大肠杆菌病	3月龄至1岁羊，皮下注射2ml，3月龄以内的羔羊皮下注射0.5~1 ml	6月
羊流产衣原体油佐剂卵黄囊灭活苗	羊衣原体性流产	羊怀孕前或怀孕后1个月内进行，每只羊皮下注射3 ml	暂定12月
羊三联灭活疫苗	羊快疫、瘁疽（或羔羊痢疾）、肠毒血症	按剂量临用时用20%氢氧化铝胶生理盐水稀释，摇匀，不论大小，每只接种1 ml	12月
布氏杆菌2号弱毒苗	羊布氏杆菌病	每只臀部肌肉注射1 ml，或内服200亿菌（2d内分两次服完）。阳性羊、3个月以下羔羊、怀孕羊均不能注射。	3年
羊链球菌氢氧化铝疫苗	羊链球菌病	背部皮下注射，6月龄以上每只5 ml，6月龄以下每只3 ml，一般在每年3月、9月各接种1次。	6月
羊副伤寒单价灭活苗	羊沙门氏菌病妊娠羊分娩前40~15d接种1次。羔羊被动获得免疫		5月

续表

名称	预防的疾病	使用方法及用量说明	免疫期
羔羊痢疾氢氧化铝菌苗	预防羔羊痢疾	怀孕母羊分娩前 20～30d 首次免疫，每次皮下注射 2 ml，分娩前 10～20d 第二次免疫，每只皮下注射 3 ml，注射后 10d 产生免疫力。羔羊被动获得免疫	5 月
口疮弱毒细胞冻干苗	预防羊口疮	一般每年 3 月、9 月各注射 1 次，无论大小一律口腔黏膜内注射 0.2ml，14d 产生免疫力	6 月
羊伪狂犬病灭活苗	预防羊伪狂犬病	成年山羊每只皮下注射 5 ml，羔羊每只 3 ml，春秋季各注射 1 次	6 月

2. 羔羊免疫程序

羔羊免疫程序见表 8－2。

表 8－2　羔羊免疫程序

年龄	疫苗名称	预防的疾病	用法（剂量参照上表）	免疫期
7 日龄	口疮弱毒细胞冻干苗	羊口疮	口唇黏膜注射	5 个月
15 日龄	传染性胸膜肺炎灭活疫苗	羊传染性胸膜肺炎	皮下注射	1 年
2 月龄	羊痘鸡胚化弱毒苗	山羊痘	尾根皮内注射	1 年
3 月龄	羊梭菌病三联四防灭活苗	羊快疫、痒疽、羔羊痢疾、肠毒血症	肌肉或皮下注射	6 个月
5 月龄	布氏杆菌 2 号弱毒苗	羊布氏杆菌病	肌肉注射	3 年
6 月龄	口蹄疫亚洲 I－O 型双价灭活疫苗	羊口蹄疫	肌肉注射	6 个月

3. 繁殖母羊免疫程序

繁殖母羊免疫程序见表 8－3。

表 8 - 3　繁殖母羊免疫程序

阶段	疫苗名称	预防的疾病	用法（剂量参照上表）	免疫期
配种前2周	羊梭菌病三联四防灭活苗	羊快疫、痒疽、羔羊痢疾、肠毒血症	肌肉或皮下注射	6个月
配种前1周	羊链球菌氢氧化铝疫苗	羊链球菌病	皮下注射	6个月
产前8周（首免）	羊梭菌病三联四防灭活苗	羊快疫、痒疽、羔羊痢疾、肠毒血症	肌肉或皮下注射	6个月
产前6周（首免）	破伤风类毒素	破伤风	皮下注射	12个月
产前4周（二免）	羊梭菌病三联四防灭活苗	羊快疫、痒疽、羔羊痢疾、肠毒血症	肌肉或皮下注射	6个月
产前2周（首免）	破伤风类毒素	破伤风	皮下注射	12个月

4. 影响疫苗效果的因素

（1）疫苗本身的质量。包括生产厂家的出厂质量，保管、运输途中的保存和羊场的保存条件造成的质量问题。疫苗的运输在长江以南最好是冬春两季，因除羊痘疫苗、口疮疫苗需在 -10℃ 左右保存，其余疫苗基本上都在 2 ~ 8℃ 或 15℃ 的阴暗干燥条件下保存、运输。

（2）接种方法和接种剂量。如羊痘疫苗必须是尾根内侧或股内侧皮内注射 0.5 ~ 1 ml；羊口疮疫苗必须在羔羊口唇黏膜皮内或划迹接种才能产生免疫，若使用肌肉、皮下或静脉注射就无效或有害。

（3）羊体况差或寄生虫严重的羊的免疫效果差。因为羊只体况差、机能失调，不能有效产生免疫力，应先驱虫后再注射疫苗。

（4）注射疫苗后羊只患病或产生应激反应，被迫使用抗生素，抗生素破坏了疫苗的免疫效果。

（5）羔羊母体的抗体仍在保护羔羊，其抗体有干扰疫苗产生免疫力的作用，所以羔羊注射疫苗后，疫苗的免疫效果差。羔羊免疫机能不健全，所以注射疫苗不能太早。羔羊口疮疫苗是专门针对羔羊的疫苗，第一次注射应在羔羊出生15日以上，1～2月后再加强免疫一次。

（6）气候寒冷、环境拥挤、通风不良、饲草调配不当、饲养方式改变、饲料缺乏、饲养失控、营养失调等都能影响免疫效果。

三、驱虫程序

羊体内寄生虫主要有线虫、绦虫、蠕虫等；羊体外寄生虫主要有疥螨、跳蚤、虱子。羊场、养殖户应根据本地区寄生虫情况制定驱虫制度，选择相应的有效驱虫药定期驱虫，一般每年春、秋两季各驱虫1次。羊常见内外寄生虫驱虫程序见表8－4。

表8－4　羊常见内外寄生虫驱虫程序

季节	序号	驱虫药物	驱虫时间	驱虫方法、剂量	驱除寄生虫种类	保护期
春季	1	左旋咪唑（针剂、片剂）	3～4月	片剂每千克体重25 mg口服，针剂每千克体重0.15 ml皮下或肌肉注射	肺丝虫、捻转血矛线虫为主的线虫类	成年羊半年，羔羊3个月
	2	肼苯达唑（抗蠕敏）	3～4月	每千克体重25mg灌服	绦虫、肝片吸虫、双腔吸虫、前后吸盘吸虫	成年羊半年，羔羊3个月

续表

季节	序号	驱虫药物	驱虫时间	驱虫方法、剂量	驱除寄生虫种类	保护期
春季	3	吡喹酮	3~4月	护羊犬、看家犬每千克体重5~10 mg内服；山羊每千克体重50 mg内服，5d为一疗程	脑包虫（脑多头蚴）、棘球蚴、细颈囊尾蚴、血吸虫、阔盘吸虫	成年羊一年，羔羊半年
	4	敌百虫、伊维菌素、阿维菌素	3~4月	1%敌百虫外洗、喷雾；伊维菌素、阿维菌素针剂皮下注射	蜱、毛虱、羊鼻蝇等外寄生虫	放牧羊3个月、舍饲羊6个月
	5	废机油、废柴油	7d一次，不分季节	用小刀刮去外层，涂上废机油、废柴油	疥螨、痒螨	长期
秋季	1	左旋咪唑（针剂、片剂）	9~10月	片剂每千克体重25 mg口服，针剂每千克体重0.15 ml皮下或肌肉注射	肺丝虫、捻转血矛线虫为主的线虫类	6个月
	2	丙硫咪唑（抗蠕敏）	9~10月	每千克体重25mg灌服	绦虫、肝片吸虫、双腔吸虫、前后吸盘吸虫	6个月
	3	吡喹酮	9~10月	护羊犬、看家犬每千克体重5~10 mg内服；山羊每千克体重50 mg内服，5d为一疗程	脑包虫（脑多头蚴）、棘球蚴、细颈囊尾蚴、血吸虫、阔盘吸虫	成年羊一年，羔羊半年
	4	长效内外净	9~10月	每千克体重0.015 ml肌注	蜱、毛虱	6个月
	5	双甲脒、螨净	9~10月	10ml兑水1 000ml，刮去外层涂洗，7d后重复一次（浓度大易致死羊）	疥螨、痒螨	长期

续表

季节	序号	驱虫药物	驱虫时间	驱虫方法、剂量	驱除寄生虫种类	保护期
秋季	6	敌百虫酒精液	9~10月	每千克体重0.4 mg	羊鼻蝇	6个月

注：内外寄生虫只能驱杀成虫，不能驱杀虫卵。春、秋季第一次驱虫后20天左右再驱虫一次；炎热、潮湿的环境易感内外寄生虫，各地应根据气候、生态灵活掌握。

第三节　肉用山羊常见传染病的防治

一、病毒病

1. 小反刍兽疫

小反刍兽疫又称羊瘟等，是由小反刍兽疫病毒引起山羊急性、热性、接触性传染病。本病在临床上主要以高热、眼及鼻有大量分泌物、口腔溃疡、拉稀等症状为主，流行区发病率可达100%，急性致死率可达100%，非急性致死率不超过50%。世界动物卫生组织将本病规定为A类烈性传染病，我国将其列为一类动物疫病。2013年，该病在我国大面积爆发，截至2014年5月中旬，我国先后有20个省区暴发，给我国羊产业带来了较大损失，严重阻碍了羊产业的发展。

【流行特点】

（1）流行快、传播广、发病急、发病率高、致死率高。

（2）传染源主要为患病羊和隐性感染羊，病羊口、鼻、眼分泌物，粪便、尿、精液、胚胎等也是传染源。

（3）本病主要通过直接或间接性接触而传播，大多为呼吸道或飞沫传播。

（4）本病主要感染山羊、绵羊等小反刍兽，山羊比绵羊易感。不同品种羊对本病的敏感度不同，一般幼龄羊易感，哺乳期羊抵抗力强。

（5）本病一年四季均可流行，以雨季、干燥或寒冷季节多发。

（6）在新疫区，本病以爆发式流行；在旧疫区，本病呈零星发生，一般羊感染本病后，可终生免疫。

【主要临床症状】

（1）本病潜伏期4～6d，最长达21d。

（2）病羊体温迅速升高到41℃以上，可持续3～5d，急性病羊可发热后死亡，无其他症状，剖解可见支气管肺炎和回盲肠充血。

（3）病羊精神沉郁，食欲减退，鼻镜干燥，被毛凌乱，口、鼻腔分泌物增多，齿龈充血，逐步转变为口腔黏膜弥散性溃疡，大量流涎，出现灰色坏死灶。发病后期，出现难闻恶臭的血水样腹泻，咳嗽、胸部啰音及复试呼吸等肺炎症状。

【主要剖检病变】

（1）尸解可见结膜炎、坏死性口炎等肉眼病变，严重病例可发展至硬腭部。

（2）胸腔积水导致渗出性胸膜炎，肺呈支气管肺炎病变，肺脏表面有出血点，有时可见支气管、肺脏表面干酪样病灶。

（3）上消化道，即从口腔至瘤、网胃口均有病变，真胃病变明显，肠道可见糜烂或溃疡出血，回肠、盲瓣区、盲肠与结肠交界处和直肠严重出血，在大肠内、盲肠和结肠结合处呈特征性的现状出血或斑马样条纹。

（4）淋巴结肿大，脾有坏死性病变。

【防治】

（1）加强检疫。严禁从疫区引羊或羊产品，限制从可疑区引进冻精、精液、胚胎和羊产品。

（2）加强疫苗免疫。本病免疫效果较好，一次接种，免疫有效期可达 3 年，疫苗主要有小反刍兽疫病毒灭活疫苗、小反刍兽疫弱毒疫苗等。

（3）本病尚无治疗特效药物，发病疫区，可用高免血清进行紧急被动免疫。对从未发生过本病的地区，应按照外来病，及时上报有关部门，根据国家有关规定和标准进行扑杀、封锁。

2. 羊口蹄疫

口蹄疫又称"口疮""蹄癀"，是由口蹄病毒引起的偶蹄兽的一种急性、热性、高度接触性烈性人畜共患传染病。本病以口腔黏膜、蹄部和乳房部皮肤发生水疱、溃烂为特征。传染性极强，有时也可以传染给人。发病后传播速度很快，不易扑灭，引起巨大的经济损失，影响畜产品经济贸易活动，对养殖业危害严重，世界动物卫生组织（OIE）和我国均将其列为必须报告的 A 类（一类）动物疫病。山羊对口蹄疫的抵抗力强，感染后发病率仅 1%～2%，但本病不允许治疗，一经发现，全群扑灭，深埋，周边封锁。

【流行特点】

（1）病羊和带毒动物是主要的传染源。发病初期传染性最强，此时的水疱皮、排泄物、分泌物、口气等均含有毒力较强的病毒，被污染的圈舍、场地、水源和草场等是天然的疫源地。

（2）流行快、传播广、发病急、发病率高、难控制、难消灭。

（3）牛、羊、猪等偶蹄动物较易感。

（4）病毒存活力较强，且毒株入侵能力和适应性不断演化增强，一般冬、春寒冷季节发病较多。

（5）主要通过消化道和呼吸道传染，也可经损伤的黏膜、皮肤感染。

（6）在新的疫区常成流行性发病，发病率可达100%；老疫区发病率较少，在50%左右，发病具有一定的周期性，每隔2~3年大流行一次。

【主要临床症状】

（1）山羊潜伏期1~7d，最长21d。

（2）体温升高，初期可达40~41℃，少食或不食，精神沉郁，跛行，呼吸加快。

（3）常于口腔黏膜、蹄部、唇内侧、齿龈、舌面、硬腭皮肤上形成水疱、溃疡和糜烂，有时乳房部也有病害。水疱破溃后留下浅表鲜红色湿润烂斑，干燥后形成黄褐色痂皮。蹄部严重时发生化脓、坏死甚至蹄匣脱落，发生跛行。

（4）病羊水疱破裂后，体温明显下降，症状逐步好转，一般1~2周可痊愈，死亡率不超过1%~2%。

【主要剖检病变】

（1）咽喉、气管、食道和前胃黏膜有圆形烂斑和溃疡形成。

（2）心脏松软，心包腔积液，心肌切面有灰红色或黄色斑纹，或者有不规则的斑点，又称"虎斑心"。

（3）肝肿大、瘀血，发生凝固性坏死。

（4）肾肿大、充血，髓质可见小坏死灶。

（5）脑膜水肿、充血，镜检为非化脓性脑炎。

（6）小羊有出血性胃肠炎。

【防治】

（1）按规定和免疫程序接种口蹄疫疫苗是防治本病最根本的办法。用全病毒疫苗首次接种后，间隔 2～4 周加强免疫一次效果较好。

（2）对引进羊只，必须隔离观察、进行检疫。检出阳性动物时，全群动物销毁处理，运载工具、动物废料等污染器物应就地消毒。

（3）对患病动物和同群动物全部扑杀销毁；对被污染的环境严格、彻底消毒，一般用 2% 火碱或 10% 石灰水消毒。病畜的粪便和污物应通过生物热消毒（30℃ 以上）处理。受威胁区的易感畜进行紧急预防接种。

（4）当动物群发生口蹄疫时，应立即上报疫情，确定诊断，划定疫点、疫区和受威胁区，实施隔离封锁措施，对疫区和受威胁区的末发病动物进行紧急免疫接种。

（5）羊只发生口蹄疫后，一般经 10～14d 自愈。有特别种用价值的病羊经特别申请可进行对症治疗外，口腔可用清水、0.2% 高锰酸钾溶液、食醋、0.2% 福尔马林冲洗，溃烂面上涂抹碘甘油、冰硼散或紫药水。蹄部可用 3% 来苏儿、3% 煤酚皂溶液、1% 福尔马林或 3%～5% 硫酸铜浸泡蹄子。擦干后用消毒软膏或 10% 碘酒涂抹，然后用绷带包扎。乳房可用2%～3%硼酸水或肥皂水洗涤，然后涂以消毒药膏。

3. 羊痘

羊痘是由羊痘病毒引起羊的一种急性、热性、接触性传染病，具有典型的病程，病羊皮肤和黏膜上发生特异的痘疹。

【流行特点】

（1）山羊痘的流行最初是个别羊发病，以后逐渐蔓延全群。

（2）患病羊和带毒羊为主要传染源。

（3）主要通过呼吸道传播，间接或直接接触传染。可经过消化道或受伤的皮肤、黏膜而传染。

（4）病愈羊能获得终身免疫。

（5）牧羊人、兽医及屠宰人员会因为接触病羊污染的物质而被感染。

【主要临床症状】

（1）山羊痘潜伏期6～8d。

（2）病羊发热，体温升高达40～42℃，萎靡不振，食欲减退或消失，鼻孔闭塞、流浆液或黏液性鼻涕、咳嗽、脉搏和呼吸加快、眼睑肿胀、结膜充血。经1～2d后，全身或部分皮肤无毛处出现黄豆大小的块状疹，疹块破溃后，有淡黄色液体流出，经3～4d后，没有破溃的脓疱渐渐被吸收，干缩，结成褐色痂。经2～3周脱落，至痊愈。

（3）非典型山羊痘发生到丘疹不再发展，结节稍增大而变的坚硬，称为"石痘"。

（4）山羊痘可并发呼吸道、消化道和关节炎症，严重时可引起脓毒败血症死亡。

【主要剖检病变】

（1）尸体腐败迅速。

（2）咽喉部、支气管黏膜也常常有痘疹，肺部呈大理石样硬块结节以及卡他性肺炎区。

（3）呼吸道、消化道黏膜卡他性出血性炎症，肠后段常可发现溃疡或脓疱。

（4）前胃和真胃常常有大小不等的圆形或者半圆形硬块结节，瘤胃出现丘疹，严重的可形成糜烂或者溃疡。

（5）肝脏有脂肪变性。

【防治】

（1）定期预防接种羊痘疫苗是防治本病的关键措施。

（2）加强饲养管理，保持圈舍清洁干燥，不能随意混入其他羊。引进种羊时，隔离4周，检疫不带病毒后混群。

（3）若有发病应立即隔离病羊，并对设施环境进行严格消毒。病死羊尸体立即深埋，防止病源扩散。

（4）对较贵重的种羊及羔羊病初可用注射免疫血清治疗。对症疗法：10%浓盐水液40～60 ml或碳酸氢钠液250 ml，静脉滴注。局部用0.1%高锰酸钾液洗涤患部，再涂擦碘甘油或者碘酊可加快局部痘疹的痊合。

4. 羊传染性脓疱病

羊传染性脓疱病是由脓疱病毒引起的一种急性接触性传染病，又称"羊口疮"，以羔羊、幼龄羊发病率高，常为群发性流行。

【流行特点】

（1）该病发生无明显季节性，但以春、秋季多发。

（2）以羔羊、幼羊易感，多为群发，成年羊发病较少。多为散发性。

（3）病羊和带毒羊是该病的传染源。

（4）感染途径主要是损伤的皮肤、黏膜感染，也可以经被污染的圈舍、饲草、用具等受到感染。

（5）病毒的抵抗力较强，只要发生一次，可连续发生多年。

【主要临床症状】

（1）该病潜伏期为 4～7d 天。

（2）发生部位主要在嘴唇、口角、鼻孔周围，其次是乳房、外阴及蹄部。

（3）病初出现红斑，随着病程发展，继而出现丘疹、水疱及脓疱，脓包溃烂流黄水，最后结痂。痂皮初为红棕色，后变为褐色或黑色的疣状物，揭开痂皮出血，有肉芽组织增生，压之有脓汁流出。

（4）病羊患部发痒疼痛，嘴头不断在建筑物或树木上强行摩擦，影响到采食，采食量大为减少，严重时不能采食，最后因饥饿导致机体衰竭而亡。

（5）羊的蹄冠、蹄叉及其附近皮肤等处也可见结节、糜烂和溃疡。

（6）由于羔羊吃奶，也可使母羊的乳房、乳头周围皮肤及大腿内侧发生脓包、烂斑。

【防治】

（1）对发生本病的地区和羊场按程序接种羊口疮疫苗。不从疫区引进羊只和畜产品，

（2）发病后，除对病羊隔离治疗外，并对圈舍、用具、

体表及蹄部多次进行严格消毒。

（3）病羊加强护理，应特别注意饲喂柔软的饲草，对病情严重吃食困难的羊，可喂于稀料和鲜奶。病情轻者 1～2 周内痂皮干燥脱落而恢复正常。

（4）对症治疗，可用 0.1%～0.3% 高锰酸钾溶液冲洗患部，用 2% 碘酊、5% 硫酸铜或 3% 龙胆紫涂抹患部，每天 1～2 次，连续 3～4d。蹄部可用 0.2% 高锰酸钾液冲洗创面，用土霉素软膏或 3% 龙胆紫涂抹患部。乳房部用 2%～3% 硼酸水冲洗，涂氧化锌鱼肝油软膏。

5. 狂犬病

狂犬病俗称疯狗病，又称恐水病，是由狂犬病病毒引起的多种人畜共患的急性接触性传染病。本病以神经调节障碍，反射兴奋性增高、发病动物表现为狂躁不安、意识紊乱为特征，最终发生麻痹而死亡。

【流行特点】

（1）本病潜伏期长短不一，从 1 周到 1 年均有，一般为 2～8 周。

（2）患病犬是本病的主要传染源，隐性病毒携带者也可以引起本病的传播。

（3）本病多以咬伤等伤口传染，也可以通过含有本病毒的气溶胶微粒经呼吸道感染，病畜的唾液也有大量的病毒。

（4）本病无明显年龄差异。

（5）本病一年四季均可发生，但夏、秋季比冬季发病多。

（6）本病咬伤部位对发病率有一定的影响，头面部咬伤比躯干、四肢咬伤者发病率高。伤口越深、伤口越多，

越容易发病。

【主要临床症状】

（1）病初精神沉郁，反刍、食欲降低，常躲在暗处，出现异嗜，好食碎土、干草、泥土、羽毛及木片等。不久表现起卧不安，前肢挠地，吞咽困难，唾液开始增加。

（2）发病后1~2d，病羊开始兴奋，狂躁不安，伴有阵发性兴奋和冲击动作，沉郁和狂躁交替发作，有一定的攻击性，如冲撞墙壁、饲槽、围栏、跳槽、磨牙、性欲亢进、流涎等。由于咽喉麻痹，吞咽神经及舌下神经变性，下颌下垂，吞咽困难，不能饮水，见水即表现为神志紧张，因此，此病也称为恐水病。

（3）兴奋发作后，一般有短暂的停歇，以后再度发病，逐步出现麻痹症状，如吞咽麻痹、伸颈、流涎、鼓气、斜视和里急后重等，由于脊神经变性，后躯麻痹，常卧地不起，最后全身衰竭、呼吸麻痹而死。

【主要剖检病变】

病羊尸体异常消瘦，可视黏膜蓝紫色，血液浓稠，不凝固。牙齿发生折断，口舌黏膜糜烂，胃内空虚或充满异物，胃黏膜高度发炎、充血、出血或糜烂等症状。

【防治】

（1）做好羊群的防护，防止羊群被狼、狗等咬伤，按免疫制度对狗进行疫苗免疫。

（2）羊和家畜被患有狂犬病的动物咬伤时，应及时用清水或肥皂水冲洗伤口，再用0.1%升汞、碘酒或硝酸银等处理伤口，并立即（24h内）接种狂犬疫苗10~25 ml（皮下），3~5d 后再注射 1 次，密切观察羊只临床症状，一旦发病立即扑杀；有条件时也可用免疫血清进行治疗，皮下或肌注 50 ml。对被狂犬咬伤的家畜一般应一律捕杀，以免危害人类。

6. 山羊关节炎——脑炎

山羊病毒性关节炎—脑炎是一种病毒性传染病，临床上表现为成年羊为慢性多发性关节炎，间或伴发间质性肺炎或间质性乳腺炎，间质性肺炎，或间质性乳房炎；羔羊常呈现脑脊髓炎症状。

【流行特点】

（1）患病羊和潜伏期隐性患羊是本病的主要传染源，山羊是本病的易感动物。

（2）感染途径以消化道为主，其次是生殖道，子宫内感染偶尔发生。病毒经乳汁感染羔羊，被污染的分泌物、排泄物、饲草、饲料、饮水等可成为传播媒介。

（3）本病仅在山羊间传播感染，无年龄、性别、品系间差异，四季均发，一般呈地方性流行。

【主要临床症状】

临床表现分为三种类型：神经型、关节型和间质性肺炎型。多为独立发生，少数有所交叉。

（1）神经型：潜伏期 2~5 个月。主要发生于 2~6 月龄羔羊。病初病羊精神沉郁、跛行，进而四肢强直或共济失调。一肢或数肢麻痹、横卧不起、四肢呈游泳状划动，有的病例眼球震颤、惊恐、角弓反张，头颈歪斜或做圆圈运动。有时面神经麻痹，吞咽困难或双目失明。多数于 15

天或数月后死亡。个别耐过病例留有后遗症。少数病例兼有肺炎或关节炎症状。

（2）关节炎型：发生于1岁以上的成年山羊，病程1~3年。病患常见于膝关节和附关节，周围组织肿胀，典型症状是腕关节肿大或跛行，常见前膝跪地膝行，有热痛关键逐渐僵硬，运动不灵活。病情逐渐加重或突然发生。重症病例组织坏死，纤维化或钙化，关节液呈黄色或粉红色。

（3）肺炎型：本病型较少见，无年龄限制，病程3~6个月，患羊进行性消瘦，咳嗽，呼吸困难，肺部叩诊有浊音，听诊有浊啰音。个别病例也有关节炎症状。

【主要剖检病变】

（1）神经型：主要发生于小脑和脊髓的灰质等中枢神经，偶尔可见脊髓和脑的白质部分有局部灶性淡褐色病区。镜检见血管周围有淋巴样细胞、单核细胞和网状纤维增生，形成套管，套管周围有呈胶质细胞和少突胶质细胞增生包围，神经纤维有不同程度的脱髓鞘脑脊髓炎。

（2）肺炎型：肺脏轻度肿大，质地坚实，呈灰色，表面散在灰白色小米粒大小点，颗粒中心稍有凹陷，切面有大叶性或斑块状实变区。被膜增厚并有多量纤维素沉着，使肺与胸膜发生粘连。支气管淋巴结和纵隔淋巴结肿大，支气管空虚或充满浆液和黏液。

（3）关节炎型：关节周围软组织肿胀波动，关节变为肥大性滑膜炎，皮下浆液渗出。关节囊肥厚，滑膜常与关节软骨粘连。关节腔扩张，充满黄色、粉红色液体，其中悬浮纤维蛋白条索或血凝块。滑膜表面光滑，滑膜细胞增生，滑膜表面纤维素沉着，邻近结缔组织可见坏死或钙化。

【防治】

目前尚无有效疗法和疫苗。主要以加强饲养管理和防疫卫生工作为主。执行定期检疫，及时淘汰血清学反应阳性羊。引入羊只实行严格检疫，定期复查，确认健康后，才能转入正常饲养繁殖或投入使用。

二、细菌性疾病

1. 炭疽病

羊炭疽是由炭疽杆菌引起的人畜共患的急性、热性、败血性传染病。呈散发性或地方性流行，我国将其列为二类动物传染病。羊多突然发病、眩晕、可视黏膜发绀、天然孔出血、血凝固不全。病原为炭疽杆菌，在适宜条件下形成芽孢，芽孢在干燥的环境中能存活 10 年之久，煮沸 15～20 min 才能将其杀死，临床上常用20%漂白粉、0.5%过氧乙酸或1%氢氧化钠作为消毒剂。

【流行特点】

（1）病羊是主要传染源，病羊各组织、器官及血液中均含有大量病菌，处理不当容易形成大量芽孢，污染土壤、水源、牧地，可形成长久的疫源地。

（2）人和各种动物都有易感性，羊的易感性最高。

（3）多发于夏季，呈散发或地方性流行，在干旱少雨、风沙较大的疫区，较利于炭疽芽孢的传播，容易流行本病。

（4）本病主要经消化道感染，羊常因采食被污染的饲料、饮水而感染。

【主要临床症状】

多为最急性、突然发病，病羊昏迷、眩晕、摇摆、倒地、呼吸困难、结膜发绀、全身战栗、磨牙、口鼻流出血色泡沫、肛门、阴门流出血液，且不易凝固，数分钟死亡。病情缓和时，羊兴奋不安、行走摇摆、呼吸加快、心跳加速、黏膜发绀，后期全身痉挛，天然孔出血，数小时内即死亡。

【主要剖检病变】

剖解可见尸体迅速腐败，尸僵不全天然孔内有暗红色不易凝固的血液。血液呈暗红色甚至黑色凝固不全，黏稠似煤焦油状。可视黏膜呈紫色并有多数出血点。皮下、肌间、胸膜、肠系膜、肾周围的结缔组织、咽喉部等处的病灶周围有黄色胶冻样浸润并有出血点。肝脏明显肿胀 2～5 倍，被膜紧张易破裂，脾脏呈暗红色，软化如泥或糊状。全身淋巴结肿胀，呈黑红色，切面湿润呈褐红色并有出血点。

【防治】

对疫区羊每年用第二号炭疽芽孢菌（皮下接种 1 ml）作预防注射。对病羊及时隔离，对污染的圈舍用 10% 热火碱水或 20% 漂白水溶液喷洒消毒，每隔 1h 消毒 1 次，连续 3 次，对同群未发病的羊用青霉素连续注射 3d，每天 2 次，有一定的预防作用。

由于炭疽病发病急、死亡快，往往来不及治疗。病情稍缓的病羊，必须在隔离的条件下治疗，初期可静脉注射抗炭疽血清，羊每次 40～80 ml，第一次注射剂量加倍，隔 8～12h 再注射 1 次。炭疽杆菌对青霉素、土霉素、氯霉素敏感，青霉素最常用，一只大羊（50 kg 左右）肌肉注射 160 万单位，8h 注射 1 次。青霉素配伍抗炭疽血清效果更好。

2. 破伤风

破伤风又称"强直症"，是由破伤风梭菌引起的一种急性、创伤性、人畜共患的中毒性传染病。其特征是患羊骨骼肌持续性痉挛和对外界刺激反射兴奋性增高。破伤风梭菌为一种厌氧梭菌，不洁的深伤口是感染的主要途径，外伤、阉割、脐部感染，只要伤口具备缺氧的条件，病原在伤口内生长繁殖产生毒素，作用于中枢神经而发病。在临床上有不少的病例找不出创伤，这种情况一是破伤风毒素潜伏期伤口已愈合，将毒素包裹在里面，另一种情况是肠、胃黏膜有伤口感染而发病，该病以散发形式出现。

【主要临床症状】

病初症状不明显，仅表现起卧、吞咽困难、神情呆滞，逐步四肢强直、起步困难、头颈伸直、角弓反张、牙关紧闭、轻度腹胀，体温一般正常，临死前体温升高到 42℃ 左右，死亡率高。根据临床症状就可作出诊断。

【防治】

在发生外伤、阉割、处理羔羊脐带时用 2%～5% 碘酒涂擦、消毒。治疗上，将病羊置于僻静、较暗的羊舍内，避光、避惊动、避响声，伤口及时扩创，用双氧水反复冲洗，1% 高锰酸钾、3% 碘酒消毒。病初先注射 4% 乌洛托品 5～10 ml，再用 5 万~10 万单位破伤风抗毒素静注，每天 2 次，以中和毒素。缓解肌肉痉挛，可使用氯丙嗪，每千克体重 0.002 ml 或用 25% 硫酸镁肌注，配合 5% 碳酸氢钠 100 ml 静脉注射。牙关紧闭、开口困难时，用 2% 普鲁卡因 5 ml 和 0.1% 肾上腺素 0.1～1.0 ml 混合注入两侧咬肌。不能采食，采取补液、补糖。便秘时用温肥皂水灌肠或喂盐类泻剂。

3. 羊肠毒血症

羊肠毒血症又称"软肾病"或"类快疫"，是由 D 型魏氏梭菌在羊肠道内大量繁殖产生毒素引起的一种急性毒血症。本病以急性死亡、腹痛死后肾组织易于软化为特征。发病急，死亡突然，和羊快疫相似。

【流行特点】

（1）一般呈散发性流行，山羊相对较少，但近年来呈上升趋势，2～12月龄膘情好的羊易感。

（2）流行有一定的季节性，牧区多发生于春末夏初抢青时和秋季牧草结籽后的一段时间，农区羊在收割抢茬季节采食大量富含蛋白质饲料时多发生。

（3）病菌常见于土壤、水、粪便和尘埃中，由口腔进入羊的胃肠，一般情况下并不引起发病。但当缺乏运动，使肠蠕动减弱、迟缓，胃肠道受到损伤或饲料突然改变，特别是从吃干草改为采食大量谷类或青嫩多汁和富含蛋白质的草料之后，导致羊的抵抗力下降和消化功能紊乱的时候，细菌就会在肠道迅速繁殖，产生多量毒素，被吸收后引起全身毒血症。

（4）雨季、气候骤变和在低洼地区放牧及缺乏运动，也可促使本病的发生。

（5）本病主要通过消化道或伤口等途径感染，羊通常采食受污染的水和饲草饲料而感染发病。

【主要临床症状】

（1）最急性的看不出症状，突然发病，在抢食嫩草时突然冲出羊圈跑到运动场，很像急性中毒，呼吸急促，口流涎水，20～30 min死亡；有的不表现症状死在运动场，有的清晨发现死在圈舍内。常见的症状有四肢发抖、运动失调、抽搐，卧地，头颈、四肢伸开，流涎、磨牙，眼球转动，反刍停止腹痛等。

（2）急性发病羊：精神沉郁，频频伸懒腰、拱背，羔羊鸣叫，呼吸急促，独自奔跑或卧地，腹胀，尿液浓、呈黑褐色，便秘，粪便呈暗褐色，或混油黏液、血液；后期腹痛不安，排黄褐色水样便或血便，多在血便后 1～2d 内死亡。

（3）有个别病程缓慢者，病羊死亡症状不一，有的向上跳跃倒地后发生痉挛，几分钟内死亡；有的卧地不起，出现昏迷；有的口吐白沫，踢腿乱蹬，局部肌肉震颤，心跳、呼吸加快死亡。

【主要剖检病变】

（1）剖解尸体僵硬，腹部膨胀，口鼻流出泡沫状液体或黄绿色胃内容物。肾脏表面充血，实质松软如泥，甚至呈糊状，色灰暗，黑红如酱，用水冲洗可冲去肾实质。

（2）消化系统整个肠道广泛性出血，小肠、十二指肠充血、出血严重，甚至整个肠壁呈血红色或溃疡。

（3）胸腔、腹腔及心包积液，含有絮状纤维素，心内膜可见出血点。

【防治】

（1）常发病区，每年春秋两季接种羊肠毒血症菌苗或三联苗（羊快疫、猝疽、肠毒血症）或五联苗（羊快疫、猝疽、肠毒血症、羔羊痢疾、黑疫），共接种 2 次，间隔 16～20d。

（2）加强饲养管理，保证运动，精料、青嫩牧草合理搭配喂食，常常更换牧场，避免采食过量嫩绿牧草和结籽牧草，保障羊只膘情和体况，气候变化时做好羊群防风保暖工作。

（3）羊圈应保持干燥，避免潮湿，做好羊场卫生消毒。

（4）本病病程短促，往往来不及治疗。发病羊只同群羊可内服 10%~20% 石灰乳 500~1 000ml 进行预防。发病初期羊可注射青霉素 160 万 U 或青霉素 80 万 U、链霉素 1g 混合肌注，出现脱水症状者，葡萄糖盐水 500ml 及 1% 安钠咖 5ml。

4. 羔羊痢疾

羔羊痢疾又称羔羊梭菌性痢疾，俗称红肠子病，是由 B 型魏氏梭菌所引起初生羔羊的一种毒血症，以剧烈腹泻和小肠发生溃疡为特征，可使羔羊发生大批死亡。

【流行特点】

（1）主要危害 7 日龄内的羔羊，尤其以 2~5d 龄羔羊发病最多。

（2）促发因素有：母羊怀孕期间营养不良，羔羊体质瘦弱；气候骤变，寒冷袭击；长期下雨，圈舍潮湿；大风雪后羔羊受冻；哺乳不当、饥饱不均等。

（3）本病在气温低和气候变化较大的时候易发。

（4）通过消化道传播，也可通过脐带或创伤感染。

（5）潜伏期为 1~2d。

【主要临床症状】

（1）羔羊病初虚弱不吃，拱背缩腹，垂头呆立，精神委顿，不想吃奶，随后发生腹泻，排出带气泡呈褐绿、黄白、灰白色的带血的糊状或液体状粪便，有的稀薄如水，有的稠如面糊。

（2）后期，羔羊眼眶下陷，排便时羊不断鸣叫，排粪失禁，水样腹泻，甚至全为血便，经 1～3d 虚弱而亡。

（3）有的羔羊，腹胀而不下痢，或只排少量稀粪，也可能带血，呼吸急促，黏膜发紫，口流白沫，表现精神症状为四肢瘫软、卧地不起，最后神智昏迷、角弓反张而死。

（4）病程较急者，可缺乏以上各种症状。

【主要剖检病变】

（1）尸体脱水严重，后肢、臀部和尾有稀粪污染。

（2）皱胃内存在未消化的凝乳块。小肠特别是回肠黏膜充血、发炎，病程较长的有直径为 1～2 mm 的溃疡及坏死病灶，溃疡周围有一出血带环绕，肠内容物混有血液。

（3）肠系膜淋巴结肿胀、充血、出血。心包积液，心内膜有出血点。

（4）肺有充血区或瘀血斑，肾脏水肿、充血。

【防治】

（1）加强妊娠母羊饲养管理，保障膘情，提高羔羊体质和抗病力，做好产羔舍的保暖工作。

（2）常发区，每年秋季给母羊接种羊梭菌"三联苗"或"五联苗"，产前 30d 左右接种 1 次，产前 20d 左右再接种 1 次。

（3）常发区，羔羊出生后 12h 内灌服土霉素，每次 0.3 g，每日 1 次，连用 3d 或肌肉注射抗羔羊痢疾高免血清 0.5～1 ml。

（4）产羔前对产房做彻底消毒，可选用 1%～2% 的热烧碱水溶液或 20%～30% 石灰水喷洒羊舍地面、墙壁、产房及小用具消毒，产羔过程中做好卫生消毒。对新生羔羊加强保温，保证吃足初乳。

（5）治疗可肌肉注射青霉素 10 万~ 20 万单位，同时口服止泻剂磺胺脒 0.5 ~ 1 g、碳酸氢钠 0.2 g、次硝酸铋 0.2 g、鞣酸蛋白 0.2 g，充分混合一次灌服 2 次，每天 3 ~ 4 次，连服 2 ~ 3d。

（6）土霉素、胃蛋白酶各 0.8 g，分 4 次服用，每 6h 加水灌服 1 次。

（7）用磺胺脒 0.5 g、次硝酸铋 0.2 g、鞣酸蛋白 0.2 g、碳酸氢钠 0.2 g，水调灌服，1 日 3 次，连服 2 ~ 3d。

（8）灌服 6% 硫酸镁 20 ~ 30 ml，经 4 ~ 6h 后，再灌服 1 次 1% 高锰酸钾 20 ml，每日服 2 次。

（9）严重脱水或昏迷的羔羊，可静脉注射 5% 葡萄糖生理盐水 20 ~ 40 ml。有急性流涎伴有神经症状的可皮下注射 0.05% 阿托品 0.5 ~ 1 ml，口服水合氯醛 0.1 ~ 0.2 g。心脏衰弱，可皮下注射 5% 樟脑磺酸钠或 25% 安钠咖 0.5 ~ 1 ml。下痢停止后，如不吃奶，口服胃蛋白酶 1 ~ 1.5 g，加稀盐酸 2 ~ 3 滴。

5. 羊快疫

羊快疫是由腐败梭菌（革兰氏阳性厌气大杆菌）引起的一种急性传染病，经消化道感染，以突然发病、病程短促、真胃出血性和坏死性炎症为特征。

【流行特点】

（1）6 ~ 18 月龄营养较好的羊易感。

（2）本病呈地方性流行，多发于春、秋季节，以散发为主，发病率低而病死率高。

（3）气候骤变、阴雨连绵、体内有寄生虫等时都可诱发本病。

【主要临床症状】

（1）潜伏期只有数小时，突然发病，2～6h死亡。

（2）急性病往往来不及出现临床症状，突然死亡。死前痉挛、膨胀、腹痛、结膜急剧充血。一般是前一天羊完全正常，次日发现死亡。

（3）如可见发病，主要表现为精神沉郁、食欲下降或废绝，食欲减退，呼吸急促，眼结膜充血，天然孔有红色渗出物，口腔流出带血泡沫，磨牙，腹痛，呻吟，发生血色下痢，下痢，粪便带血或粪团变大，黑色，甚至排出油黑色或深绿色稀便，以上症状表现不一。

（4）最后衰竭、昏迷，于数小时死亡。极少有耐过者。

【主要剖检病变】

（1）病羊死后尸体迅速腐败、膨胀。

（2）剖解黏膜出血、坏死、脱落。皮下组织浆液胶性浸润，浆膜呈纤维性炎症变化。

（3）胸腔、腹腔、心包积大量淡红色液体，肺充血、出血，肝、肾有瘀血，全身淋巴结肿大，出血。

（4）真胃底部黏膜有大小不等的出血点、出血斑和坏死灶，瘤胃、网胃、瓣胃黏膜脱离，十二指肠和空肠充满气体。

（5）肝肿大似水煮样，质脆，表面出血点，少数有坏死病灶；胆囊肿大，充满胆汁，部分羊甚至出血胆囊破裂，胆汁流入腹腔；淋巴结肿大，切面有出血点。

【防治】

（1）本病的病程较短，往往来不及治疗，应加强平时的防疫工作。

（2）在本病常发地区，每年应定期注射"羊快疫、猝疽、肠毒血症三联苗"或"羊快疫、猝疽、肠毒血症、羔羊痢疾、黑疫五联苗"。

（3）加强饲养管理，避免羊只采食冰冻饲料，不能在清晨放牧。要在高燥地区放牧，切忌在沼泽区及污染地区放牧。

（4）发现羊群中有发病的，应立即将病羊隔离，同群羊灌服2%硫酸铜80~100 ml或0.5%高锰酸钾250 ml，同时用疫苗进行紧急接种，能有效控制本病的流行。

（5）病死羊尸体及污染的粪便、垫料等一起深埋，污染羊舍、用具用20%漂白粉或1%复合酚严格彻底消毒。

（6）对病程稍长的病羊，可用青霉素及磺胺类药物治疗。

（7）青霉素肌肉注射，每次80~160万单位，每天2次。

（8）磺胺嘧啶灌服，按每次每千克体重5~6 g，连用3~4次。

6. 羊黑疫

羊黑疫是由诺维氏梭菌引起羊的一种急性高度致死性毒血症。该病以肝实质发生坏死性病灶为特征，故又称传染性坏死性肝炎。

【流行特点】

（1）以2~4岁、营养较好羊多发。发病无年龄、性别、差异，幼龄羊和母羊死亡率较高。

（2）本病呈地方性、散发性流行，主要发生在春、夏季肝片吸虫流行的低洼潮湿地区。

（3）肝片吸虫等寄生可诱发本病。

【主要临床症状】

（1）病程短，突然死亡，常只能见到尸体，部分病例可以拖延 1~2d。

（2）发病羊一般为营养良好、较肥胖。

（3）萎靡不振，离群，不食，步态不稳，反刍停止，后期四肢无力，呼吸急促，体温升至 41.5℃ 左右，昏睡俯卧而死。有的结膜充血，呼吸困难，心跳加快。有的表现腹痛，口角流少量泡沫，呈昏睡俯卧，临死前不挣扎。

（4）一般发病后 2h 内死亡，死亡率达 100%。

【主要剖检病变】

（1）尸体皮下静脉显著瘀血，使羊皮呈暗黑色外观，故称为羊黑疫。

（2）病羊胸腔有少量积液，心内膜有数量不等的血斑，心耳出血、坏死，心包积液。

（3）肝表面和肝实质内有数目不等的直径 2~3 cm 的不规则圆形或圆形的黄白色坏死灶，周围有一鲜红色充血带围绕，切面呈半月形。

（4）有的病羊胆囊和胆管内发现肝片吸虫。

【防治】

（1）流行的地区要控制肝片吸虫的感染，定期驱虫。

（2）定期接种"三联四防疫苗"或"五联苗"，皮下或肌肉注射 5 ml。

（3）早期预防可用抗诺维氏梭菌血清，皮下或肌肉注射 10~15 ml，必要时重复 1 次。

（4）加强饲养管理，放牧地应选择高燥地，避免在地势低洼、沼泽地放牧。

（5）驱虫：丙硫苯咪唑每千克体重 5~20 mg，1 次内服。

（6）病程稍缓的病羊，肌肉注射青霉素 80 万~160 万单位，每日 2 次，连用 3d。

（7）淘汰病羊，此类病羊治疗价值不大，患病羊应提早淘汰。

7. 羊布氏杆菌病

布氏杆菌病是由布氏杆菌引起的人畜共患的一种慢性传染病，主要侵害生殖系统。其特征是妊娠母羊发生流产、胎衣不下、母羊不育和各种组织的局部病灶，公羊表现为睾丸炎和不育症等。

【流行特点】

（1）传染源主要是病羊和带菌羊，病菌不定期随乳汁、精液、脓汁，流产胎儿、胎衣、羊水、子宫及阴道分泌物排出体外，排菌时间可达数年之久。

（2）本病分布很广，一般呈地方性、散发性流行，无明显季节性，易传染给人。

（3）母羊易感性较公羊高。

（4）本病主要是经消化道、呼吸道感染，也可经配种感染。

（5）在缺乏消毒和防护条件下接羔、解剖、治病时容易传染给人。

【主要临床症状】

（1）为隐性感染，妊娠后 3~4 个月流产。

（2）母羊流产是本病的主要症状，流产一般发生在妊娠3～4个月时。

（3）流产前病羊出现全身症状，发热、精神沉郁、食欲下降、腹泻、阴道流出黄色液体。

（4）出现乳房炎、关节炎、跛行、早产、产死胎、公羊睾丸炎和附睾炎，睾丸肿大，后期睾丸萎缩。少数病羊发生角膜炎和支气管炎。

【主要剖检病变】

（1）病变主要发生在生殖器官，胎盘绒毛膜下组织呈黄色胶样浸润、充血、出血、水肿、糜烂和坏死。

（2）流产胎儿主要为败血症病变，脾脏和淋巴结肿大，肝出现坏死灶。浆膜与黏膜有出血点或线状出血。

（3）胎衣呈黄色胶样浸润，其中有部分覆有纤维蛋白和脓液且水肿、增厚并有出血点。

（4）发病公羊可发生化脓性、坏死性睾丸炎和附睾炎，睾丸出血肿大，后期睾丸萎缩。

【防治】

（1）本病以预防为主，无治疗价值，一旦发病就影响羊的生育功能，应及时淘汰处理发病羊。

（2）一旦发现本病，应及时划定疫点、疫区、受威胁区。疫点应进行扑杀，并每年定期跟踪检疫。受威胁区应进行强制免疫。

（3）用布氏杆菌猪型Ⅱ号菌苗对没有感染的羊采用注射法或饮水法进行免疫接种或羊配种前1～2个月布氏杆菌羊5号弱毒苗进行气雾免疫或注射免疫接种。

（4）常发地区，定期对羊群进行实验室血清学检查，淘汰阳性或疑似阳性羊只。

（5）必须对污染的场所和用具进行彻底消毒，污染的饲料、粪便、垫草及流产胎儿、胎衣、羊水和产道分泌物必须进行无害化烧毁深埋。

三、羊其他传染病

1. 羊传染性胸膜肺炎

羊传染性胸膜肺炎又称羊支原体肺炎，是由丝状支原体山羊亚种引起的羊特有的一种急性、热性、高度接触性传染病。本病以发热、咳嗽、浆液性和纤维蛋白性肺炎以及胸膜炎为特征。该病传播迅速，死亡率高。

【流行特点】

（1）不同品种、性别、年龄羊对本病均易感，一般 3 岁以内成年羊比羔羊易感，但羔羊的死亡率高于成年羊。本病一般呈地方性流行。

（2）病羊和带菌羊是主要的传染源。本病大多为慢性病，前期病症不明显，许多地方往往引入隐性或发病但症状不明显的羊从而造成大量暴发。

（3）本病以接触性传染为主，病菌一般经呼吸道分泌物排出，主要通过空气—飞沫经呼吸道传染。

（4）本病一年四季均可发病和流行，阴雨连绵、寒冷潮湿、营养缺乏、羊群密集、拥挤、长途运输和圈舍卫生条件差等不良因素易诱发本病。

（5）本病往往与其他疾病混合感染，如山羊痘、口疮、结膜炎、感冒和吸虫病等。

【主要临床症状】

（1）潜伏期一般为 3 ~ 20d，也有长达 30 ~ 40d。本病有最急性、急性和慢性之分。

（2）最急性：羊群中一只或数只突然发病，病初体温增高，可达41～42℃，极度委顿，食欲废绝，呼吸急促而有痛苦的鸣叫，数小时后出现肺炎症状，呼吸困难、咳嗽，并流浆液带血鼻液，肺部叩诊呈浊音或实音，听诊肺泡呼吸音减弱、消失或呈捻发音。眼结膜高度充血、发绀，12～36h内，渗出液充满肺脏并进入胸腔，病羊卧地不起，四肢直伸，呼吸极度困难，每次呼吸时全身颤动；目光呆滞，呻吟哀鸣，不久窒息而亡。病程一般不超过4～5d，有的仅12～24h，在没有任何症状的情况下突然死亡。死羊鼻孔中流出带血泡或血水，耳、颌下、腹部皮肤呈大片紫绀。

（3）急性：临床上最常见。病初体温升至41～42℃，两眼无光，被毛粗乱，发抖，腰背弓起，继而出现短而湿的咳嗽，伴有浆性鼻漏。严重病例咳嗽变干而痛苦，鼻液转为黏液、脓性并呈铁锈色，结成棕色痂垢，高热稽留不退，食欲锐减，呼吸困难和痛苦呻吟，眼睑肿胀，流泪，眼有黏液、脓性分泌物。对胸壁按压有疼痛反应。口半开张，流泡沫状唾液。头颈伸直，腰背弓起，腹肋紧缩，最后病羊倒卧，极度衰弱委顿，有的发生鼓胀和腹泻，甚至口腔中发生溃疡，唇、乳房等部皮肤发疹，濒死前体温降至常温以下，病程多为1周左右，有的可达1个月。濒死前体温下降至35～36℃，死亡率50%～70%。孕羊大批（70%～80%）发生流产。

（4）慢性：多见于夏季，在老疫区多发。全身症状轻微，体温变化不明显。病羊肺炎症状时重时轻，间有咳嗽和腹泻，鼻漏时有时无，身体衰弱，被毛粗乱无光。在此期间，如饲养管理不良，与急性病例接触或机体抵抗力降低时，容易复发或出现并发症而迅速死亡。

【主要剖检病变】

（1）胸腔有大量淡黄色或浑浊积液，暴露于空气中后发生纤维蛋白凝块。胸膜变厚而粗糙，与胸膜、心包膜发生粘连，粘连处有白色胶性浸润。

（2）肺实质发生肝样病变，呈红紫色、充血、水肿，病变区凸出于肺表面，质地硬实，缺乏弹性。切面呈大理石样变，常有红色液体流出。肺小叶间质变宽，界限明显。血管内常有血栓形成。支气管扩张，黏膜坏死脱落，病变区气管腔内充斥破碎细胞残屑。

（3）肺门淋巴结、支气管淋巴结和纵膈淋巴结肿大，间有液体浸润和出血。心包积液，心肌松弛、变软。肝、脾肿大，胆囊肿胀。肾脏肿大，被膜下可见出血点。

【防治】

（1）每年定期接种山羊传染性胸膜肺炎灭活氢氧化铝疫苗，半岁以下羊皮下或肌肉注射3ml，半岁以上羊注射5ml。

（2）加强饲养管理，改善饲养条件，增强羊的体质。冬季注意圈舍的保暖，同时要保持通风换气，减少应激。

（3）本病最容易在引入羊群时发病，因此，对从外地新引进的羊严格隔离，检疫无病后方可入群，并做好引入前后的疫苗免疫。

（4）病羊污染过的羊舍和用具，必须用2%火碱或10%漂白粉全面进行严格彻底消毒。

（5）临床上用红霉素、泰乐菌素、支原净、卡那霉素和恩诺沙星等抗生素治疗，均有一定的效果，每日 2 次，连用 3 ~ 5d。

2. 羊传染性角膜结膜炎

传染性眼结膜炎又名红眼病、流行性眼炎和滤泡性结膜炎，是由一种或多种病原引起的急性、地方性传染病，病原主要由鹦鹉热衣原体引起，其次有结膜支原体、立克次氏体、奈氏球菌、李氏杆菌等。其特征为眼结膜和角膜发生明显的炎症变化，畏光、眼睑肿胀、结膜和瞬膜充血发红、角膜溃疡等，伴有大量流泪，其后发生角膜混浊或呈乳白色。

【流行特点】

（1）一般通过同群放牧、同圈饲养或直接或间接性接触感染；蝇类或飞蛾等，可机械传递本病；患病的分泌物，如鼻涕、泪、奶及尿的污染物，均能散播本病。

（2）多发生在蚊蝇较多的炎热季节，一般是在 5 ~ 10 月夏秋季，以放牧期发病率最高，进入舍饲期也有少数发病的，多为地方性流行。

（3）饲养密度过大、阴暗潮湿、通气不畅、氨气浓度过高因素可促使本病的发生。

【主要临床症状】

（1）本病潜伏期 1 周左右，主要表现为结膜炎和角膜炎。

（2）多数病羊先一眼患病，后期为双眼感染，有时一侧发病较重，另一侧较轻。发病初期呈结膜炎症状，流泪，畏光，眼睑肿胀、疼痛，半闭，结膜潮红，有浆液性分泌物，如此时不加以治疗，很容易迅速传播。

（3）3~4d后，角膜开始病变，有的病例在角膜中央发生轻度的白色浑浊，并逐渐向外扩张，呈云雾状，其后发生角膜炎、角膜浑浊和角膜溃疡，眼前房积脓或角膜破裂，晶状体可能脱落，造成永久性失明。

【主要剖检病变】

镜检，结膜固有层纤维组织明显充血、水肿和炎症细胞浸润，纤维组织疏松，呈海绵状；上皮变性、坏死或程度不等地脱落。角膜的变化基本相同，有明显炎症细胞和组织变质过程，但无血管反应。病畜一般全身症状不明显。

【防治】

（1）发现病羊，应立即隔离病羊，定期消毒，防止扩散、传染。

（2）发病后尽早治疗、越快越好。用生理盐水或2%~4%硼酸液洗眼，再用黄连素针剂或卡那霉素针剂冲洗眼睛，一天2次，也可用红霉素、金霉素眼膏点眼，同时加强饲养管理，供应充足的饮水和新鲜青草、精料。

（3）眼睛瞎后，只要连续治疗、加强饲养管理也可在7d左右恢复光明。

3. 钩端螺旋体病

钩端螺旋体病是由致病性钩端螺旋体引起的一种传染病，以黄疸、血尿、皮肤和黏膜出血坏死为显著特征，大多呈隐性感染。本病又称黄疸血红蛋白尿病。

【流行特点】

（1）多发生于水稻收获季节，故俗称"打谷癀"。

（2）传染源主要是病羊或鼠类。

（3）本病主要经消化道感染，也可通过蚊虫叮咬而传播。

（4）一年四季均可发病，以夏、秋季多见，呈地方性、散发性流行。

【主要临床症状】

（1）传染率高、发病率低，症状轻的多、重的少，最急性和急性的死亡率可达50%～70%，亚急性、慢性和非典型性的死亡率低。

（2）最急性型体温升高、黏膜黄染、尿色暗有大量血红蛋白、白蛋白和胆色素，黏膜发黄，有下痢，发病后3～7d死亡，死亡率高。

（3）亚急性出现黄尿并有血凝块，很少死亡。流产型主要表现流产，也是钩端螺旋体病的主要症状之一，也有与亚急性症状同时出现。

【主要剖检病变】

（1）尸体消瘦，可视黏膜浸润，呈深浅不一的黄色。

（2）皮肤有干裂性坏死病灶，口腔黏膜有溃疡，黏膜有不同程度黄染，皮下胶样浸润及出血。

（3）肠黏膜与浆膜有大量出血，胸、腹腔有大量黄色渗出液，肺、心、肾、脾等实质器官有出血点，肝肿大、松软，呈黄色或色调不均匀，质地脆弱，肾肿大，皮质有散在的灰白色病灶，肠系膜淋巴结出血、肿大。

【防治】

（1）做好羊场环境卫生，消除蚊虫、鼠类等传播媒介。

（2）做好排水设施，洪涝过后，要及时消毒。

（3）在常发地，可预防注射钩端螺旋体多价苗。

（4）治疗可用高免血清、青霉素、链霉素、土霉素和金霉素等抗生素。链霉素对本病有一定疗效，每千克体重15～25 mg，每天肌肉注射2次，连用3～5d；土霉素每千克体重10～20 mg，每天肌肉注射1次，连用3～5d，同时静注25%～50%葡萄糖和维生素C，对本病的治愈有重要作用；大剂量青霉素肌注或静注效果也好。

第四节　肉用山羊常见寄生虫病的防治

1. 羊吸虫病

羊吸虫病是由吸虫寄生于羊体引起的一类寄生虫病。

【病原及其生活史】

主要有片性吸虫、前后盘吸虫、阔盘吸虫、双腔吸虫和血吸虫。

（1）片形吸虫：片性科的肝片吸虫和大片吸虫；虫体背腹扁平，外观呈树叶状，活时为棕红色，死后呈灰白色，大小为（21～75）mm×（5～14）mm。成虫寄生于羊的肝脏胆管内，其排出的虫卵可随胆汁进入消化道，经粪便排出体外，在外界一定条件下可孵化出毛蚴，毛蚴钻入中间宿主——淡水螺体内，进一步发育成胞蚴、雷蚴和尾蚴。侵入螺体内的一个毛蚴可以繁殖出百个乃至数百个尾蚴，尾蚴可离开淡水螺在水中游动，并能附着于水草等植物形成囊蚴，当牛羊吞食含有囊蚴的水草或水而感染。囊蚴可在羊的肠道内逸出童虫，童虫移行至肝脏胆管，发育为成虫。

（2）前后盘吸虫：前后盘科的后盘属、殖盘属、腹袋属、菲策属吸虫等；虫体形态因种类各不相同。成虫寄生于羊的瘤胃和网胃壁上，但其中平腹吸虫寄生于羊的大肠，其生活史和片性吸虫相似。

（3）阔盘吸虫：歧腔科的阔盘属；虫体活时为棕红色，死后为灰白色，虫体扁平，较厚，呈长卵圆形，体表有小棘，大小为（8～16）mm×（5～5.8）mm。成虫寄生于羊的胰脏胰管内，其排出的虫卵随粪便排出体外，在第一中间宿主——陆地螺体内发育成毛蚴、母胞蚴、子胞蚴，子胞蚴从蜗牛气孔排出，附在草上，形成含有尾蚴的圆形囊即子胞蚴黏团。子胞蚴黏团被第二中间宿主——草螽（蚱蜢）吞食后，尾蚴可钻出子胞蚴，进一步发育成囊蚴。当羊吞食含有囊蚴的草螽而感染。

（4）双腔吸虫：双腔科的有矛形双腔吸虫和中华双腔吸虫；虫体扁平、透明，呈棕红色，肉眼可见内部器官表面光滑，前端尖细，后端较钝，呈矛状；体长（5～15）mm×（1.5～2.5）mm。成虫寄生于羊的肝脏胆管。幼虫发育需要2个中间宿主，第1中间宿主为陆地螺，第二中间宿主为蚂蚁，当羊吞食含有幼虫的蚂蚁而感染。

（5）血吸虫：在我国乃至四川部分地区还存在，成虫寄生于羊的肠系膜静脉内，其排出的虫卵一部分随血液流到肝脏，一部分逆血流沉积在肠壁形成结节；由于虫卵的毒素作用，使结节及周围肠壁组织破溃从而进入到消化道而排出体外。虫卵在外界可孵化出毛蚴，毛蚴在水中遇到中间宿主——钉螺后，可钻入钉螺体内，进一步发育成尾蚴，尾蚴在水中游弋，羊多因皮肤在水中接触尾蚴而感染，也有吞食含尾蚴的草或水而感染。尾蚴侵入羊体皮肤，变为童虫，经血液循环进入到达肠系膜静脉内寄生。

【流行特点】

肝片吸虫和前后盘吸虫在我国普遍流行，一年四季均可发生，北方多在气候温暖、雨量较多的夏、秋季节，南方因温暖季节较长，可在夏、秋季节乃至冬季发生。日本血吸虫在我国长江流域以南发生，四川主要在眉山、德阳、凉山州的普格、雅安芦山等部分山区流行。

【临床症状及病理解剖变化】

羊感染肝片吸虫病轻微时，一般不表现出症状，当感染严重时，表现出营养不良、体况消瘦、被毛粗乱、颌下及胸下水肿和腹水；有时甚至放牧羊突然发病死亡。解剖可见肝脏胆管、胆囊内有肝片吸虫成虫。

羊感染前后盘吸虫，严重时多为童虫移行引起，表现为食欲减退、消瘦、贫血、颌下水肿、顽固性下痢、粪便呈粥样或水样，常有腥臭，可见消化道出血性胃肠炎。解剖可在肠道内见大量童虫。

羊感染阔盘吸虫，严重时主要引起胰脏功能异常，导致消化不良，动物表现为消瘦、营养不良、贫血，胸前出现水肿，下痢。解剖可见胰管增生性炎症，胰脏内可见成虫。

羊感染双腔吸虫。严重时，病羊表现精神沉郁，行动迟缓，食欲不振，黏膜苍白、黄染，颌下水肿，腹胀，下痢，渐进性消瘦，终因极度衰竭而死亡。剖检可见肝脏稍肿或肿大，切开肝脏用力挤压，从胆管内流立大量深褐色或黑色点状和小絮状虫体，胆囊内胆汁中也存有大量虫体。

羊感染血吸虫严重时主要表现为腹泻、贫血、颌下和腹下部水肿，消瘦，发育不良。解剖可见腹腔内有大量积水，肠系膜淋巴结水中，肝脏病变较为明显，其表面有大小不等、散在的灰白色或灰黄色虫卵结节；肠壁有出血点、溃疡或坏死灶。

【诊断】

根据临床症状，尤其食量不减又表现体况消瘦，被毛粗乱等可怀疑寄生虫病，进一步确诊需要检测虫卵或虫体。

【治疗】

肝片吸虫选用氯氰碘柳铵盐、肝至净。日本血吸虫选用吡喹酮。前后盘吸虫选用硫双二氯酚，使用药物的方法和剂量参照说明书。

【预防】

（1）不要在水源尤其有钉螺、椎实螺的地方放牧。

（2）夏、秋季节下雨后，有条件的把羊赶回羊舍，最好天气晴朗放牧。

（3）含有雨水的青草最好晾晒后再喂食。

（4）每年春秋 2 季进行 1 次预防性驱虫，驱虫药物的选择和使用方法见药物使用说明书。

2. 羊线虫病

羊线虫病是由线虫寄生于羊的消化道、呼吸道及其他脏器而引起的一种寄生虫病，在生产上见得最多的为消化道和呼吸道线虫病。

【病原及其生活史】

线虫多呈两侧对称，体长，形似长短不一的线条。常见的主要有血矛线虫、毛首线虫、奥斯特线虫、仰口线虫、夏柏特线虫、食道口线虫、细颈线虫、网尾线虫、原圆线虫和腹腔丝虫等。以下各属线虫形态特征参照《中国畜禽线虫形态分类彩色图谱》。

（1）血矛线虫：雌虫长 22～27 mm，活虫吸食血液后，含有血液的肠道和子宫相互扭曲呈麻花状，在体后约 1/4 处有阴门盖形成的支出结构；雄虫长 15～19 mm，尾端交合伞呈鱼尾状，主要寄生于羊的皱胃或十二指肠上段的黏膜上。雌雄虫交配后，雌虫排出虫卵，虫卵随粪便排出体外，在外界适宜条件下，孵出幼虫，幼虫经 4～5d 蜕皮 2 次成为感染性幼虫。当羊吞吃到含有幼虫的牧草时，感染性幼虫进入宿主的前胃，脱鞘后移行至皱胃或十二指肠上段，再蜕皮一次发育为成虫。其他线虫的生活史过程都基本相同。

（2）毛首线虫：呈乳白色，虫体一端较粗，一端细长，形似长鞭，雌虫长 39.51～85.01 mm，雄虫长 32.78～90.05 mm，寄生于羊的盲肠。

（3）奥斯特线虫：虫体细长，似人头发，雌虫长 6.61～14.54 mm，雄虫长 6.48～16 mm，寄生于羊的真胃和小肠。

（4）仰口线虫：分牛仰口线虫和羊仰口线虫，虫体呈头端向背侧弯曲，雌虫长 13.9～20.1 mm，雄虫长 7.5～15 mm，寄生于羊的小肠。

（5）夏柏特线虫：虫体前端向腹面弯曲，雌虫长

14. 23 ~ 28. 51 mm，雄虫长 9. 83 ~ 21. 5 mm，寄生于羊的大肠。

（6）食道口线虫：虫体较粗壮，雌虫 12.7 ~ 24. 4 mm，雄虫长 11. 2 ~ 18. 4 mm，寄生于羊的大肠。

（7）细颈线虫：雌虫长 12. 1 ~ 25. 2 mm，雄虫长7. 23 ~ 17. 03 mm，寄生于羊的小肠。

（8）网尾线虫：雌虫长 35.6 ~ 74.01 mm，雄虫长 20. 2 ~ 74. 04 mm，寄生于羊的气管和支气管。

（9）腹腔丝虫：虫体呈乳白色丝状形，雌虫长 75 ~ 127 mm，寄生于羊的腹腔。丝状线虫的生活史离不开中间宿主——蚊类，因此该病多发生于蚊虫孳生季节。成虫产生的幼虫——微丝蚴进入宿主的血液循环，当蚊虫刺吸羊血液时，微丝蚴随血液进入到蚊虫体内并发育成感染性幼虫，而后幼虫可移行至蚊虫的口器，当这种蚊叮咬其他羊时，即引起其感染。

【流行特点】

羊线虫病流行于春季和秋季，主要是因为幼虫在外界的发育受环境中温度、光照的影响；另外，腹腔丝虫与蚊虫活动季节密切相关。

【临床症状与病理变化】

羊感染线虫主要表现为体表消瘦、贫血、被毛粗乱，消化道线虫病多见消化功能紊乱如消化不良、腹泻等症状，严重时出现颌下水肿。肺线虫病表现为呼吸道症状，如咳嗽、鼻孔排出黏性分泌物，呼吸困难，听诊有湿啰音；羊感染网胃线虫还可见胸部和四肢水肿。解剖病羊可见消化道或呼吸道损伤，并能见到大量成虫虫体。

【诊断】

根据临床症状，尤其食量不减又表现体况消瘦，被毛粗乱等可怀疑寄生虫病，进一步确诊需要检测虫卵或虫体。

【治疗】

羊的消化道和呼吸道线虫病可选用左旋咪唑、丙硫咪唑、阿苯达唑、伊维菌素；腹腔丝虫用乙胺嗪（针对微丝蚴）结合伊维菌素类（针对成虫）进行治疗。药物的用量和方法按照药物说明书进行。

【预防】

（1）保持充足的营养饲料供给。

（2）定期清扫圈舍，保持圈舍卫生，有条件的圈舍推荐使用高床圈舍。

（3）粪便堆积发酵，杀灭虫卵。

（4）羊场做好灭蝇工作。

（5）对于放牧的羊场实行轮牧制度。

3. 羊绦虫病

羊的绦虫病是由绦虫的成虫或幼虫寄生于羊体而引起的一种寄生虫病，其中包虫病在我国一些地方流行，是重大的人兽共患病。

【病原及生活史】

寄生于羊的绦虫成虫主要有莫尼茨属绦虫、无卵黄腺属绦虫、曲子宫属绦虫；寄生于羊的绦虫幼虫有棘球蚴（包虫）、羊囊尾蚴、脑多头蚴等。

（1）莫尼茨属绦虫：体长可达 5 m 以上，成虫寄生于终末宿主包括黄牛、水牛、牦牛、绵羊、山羊、鹿等动物的小肠内，幼虫寄生于中间宿主——地螨体内。虫卵或孕节随终末宿主粪便排出体外后，虫卵被地螨吞食，六钩蚴穿过中间宿主的消化道壁，进入体腔，进一步发育成感染性的似囊尾蚴，羊吃了混有似囊尾蚴地螨的青草而感染。似囊尾蚴进入羊的消化道，在小肠内发育为成虫。无卵黄腺属绦虫的中间宿主为弹尾目的长角跳虫，曲子宫属绦虫的中间宿主为甲螨，二者寄生部位、发育史与感染途径同莫尼茨属绦虫。

（2）羊带绦虫：羊为其中间宿主。成虫的孕卵节片随犬粪排出，卵被羊吞食后，六钩蚴从虫卵逸出，于小肠经血液流到肌肉及其他器官中寄生，经2.5～3个月发育成羊囊尾蚴。

（3）棘球蚴：棘球蚴的成虫为棘球绦虫，虫体大小如米粒，寄生于犬及犬类动物（终末宿主）的小肠内，虫卵和孕节随粪便排出体外，虫卵可污染水源或牧草，也可因大风而飘浮在空气中，当牛羊放牧时误吞入虫卵或人、牛、羊（中间宿主）经呼吸道吸入虫卵而感染。虫卵随后在中间宿主体内逸出六钩蚴，六钩蚴可钻入肠壁经血流或淋巴散布到牛羊的肝脏、肺脏等部位寄生并发育成包囊，当包囊破裂后，包囊液中的棘球砂随包囊液流到其他部位又重新发育，机械性压迫使中间宿主周围组织发生萎缩和功能障碍，从而引发严重疾病。另外，如果受感染的牛羊的肝脏、肺脏等脏器被犬吃了，从而引起犬的感染，在犬体内发育至成虫，成为新的大量病原来源。

（4）羊囊尾蚴：羊囊尾蚴的成虫为羊带绦虫，虫体呈乳白色，长 450～1 000 mm；终末宿主为犬科动物，中间宿主为羊，其生活史与棘球蚴类似。

（5）脑多头蚴：脑多头蚴又称脑包虫，其成虫为多头带绦虫，外形似莫尼茨绦虫；中间宿主为牛羊等反刍动物，幼虫多寄生于中间宿主的脑及脊髓，也有寄生于皮下及其他组织；其生活史与棘球蚴类似。

【流行特点】

牛羊绦虫病流行广泛，莫尼茨绦虫主要危害羔羊和犊牛。牛羊莫尼茨绦虫病多发于夏、秋季节，主要与地螨的出现季节有关；包虫病流行于新疆、青海、西藏及四川的甘孜州、阿坝州等地；多头蚴多流行于牧区或半农半牧区。

【临床症状与病理变化】

一般情况下，不出现临床症状；严重感染时可出现精神不振、消瘦、贫血、腹泻，有时出现明显神经症状，甚至死亡。剖检可见粘膜贫血、肠系膜淋巴结、黏膜、脾增生，肠黏膜出血，小肠中有数量不等的绦虫。脑包虫因寄生于脑部，临床症状可见转圈运动，剖检可见包囊。

【诊断】

根据流行病学，临床症状可作初步诊断，确诊需检查虫卵或虫体节片。

【治疗】

对患绦虫成虫的羊用氯硝柳胺或吡喹酮治疗，药物的用量和方法按照药物说明书进行。对于患绦虫幼虫的羊用丙硫咪唑，60 mg/kg 口服治疗，间隔1d 1 次，10d 为 1 疗程。

【预防】

（1）流行地区对断奶羔羊或犊牛每隔 1 个月进行 1 次

驱虫，成年羊春、秋两季各进行 1～2 次驱虫。

（2）羊粪便要进行集中堆积发酵或沤肥，时间不少于 2～3 个月，未处理的粪便不能用于施肥。

（3）减少羊吞食地螨的机会，定期用 1∶200 稀释后的复合酚喷洒圈舍及运动场，以消灭环境中的地螨；或减少在早晨、雨后、阴天放牧或割草。

（4）驱虫后的牛羊，不要在原地放牧，及时转移至清净安全的牧场。

（5）引入牛羊时，应进行隔离驱虫。

4. 羊的体表寄生虫病

羊的体表寄生虫病是由蜱、螨、虱等体外寄生虫寄生于羊的体表而引起的一种寄生虫病。

【病原】

寄生于羊的体表寄生虫常见的有蜱、螨、虱和蚤，均为寄生性节肢动物。

（1）蜱：俗称"草爬子""狗豆子""草瘪子"等，分硬蜱和软蜱，常见的硬蜱有牛蜱、扇头蜱、血蜱等，软蜱有锐缘蜱、钝缘蜱等。形态背腹扁平，吸血前和吸血后体积差异极大，可达 1 000 倍上。有的蜱终身在羊身上寄生，有的只是吸血时才在羊身上寄生。蜱对羊的危害：一是因吸血造成羊贫血；二是可传播比自身更小的如病毒、血液原虫等给被吸血的羊。

（2）螨：疥螨和痒螨，疥螨多寄生于皮肤角质下，虫体在宿主表皮挖掘隧道，以角质层组织和渗出液为食，在隧道内进行发育和繁殖。痒螨寄生于皮肤表面，吸取渗出液为食。

（3）虱：毛虱，永久性体外寄生虫，在羊体表以不完全变态方式发育，经过卵、若虫和成虫三个阶段，成虫在羊体上吸血，交配后产卵，卵被特殊的胶质黏附在羊毛上，经2周后发育成若虫，再经2～3周蜕化3次而变成成虫。

（4）蚤：又称蠕形蚤，为小形的无翅昆虫，分头、胸、腹三部分。

【临床症状】

一般情况下，患羊表现剧痒，骚动不安，常在圈舍壁等物体上摩擦；皮肤出现机械性损伤，皮肤炎症，有的形成大量痂皮；大量寄生时，可见消瘦、发育不良、毛皮质量低，脱毛等症状。蜱大量存在时，可造成患羊贫血。

【诊断】

根据临床症状，翻毛可查找到虫体确诊，螨虫需要刮取皮屑进行镜检。

【治疗】

对患羊注射阿维菌素类药物，同时配合使用螨净、双甲咪或溴氰菊酯药浴。

【预防】

加强饲养管理，保持圈舍干燥卫生；有体外寄生虫的羊场，要定期用溴氰菊酯类或双甲脒等药物对圈舍进行喷洒消毒；定期用螨净、双甲脒或溴氰菊酯对患羊进行药浴（药浴前要先让羊喝饱水）。

5. 羊的焦虫病

羊焦虫病是由焦虫寄生于羊的血液红细胞及网状内皮细胞而引起的一种原虫病。

【病原】

病原为巴贝斯虫和泰勒斯虫。巴贝斯虫寄生于羊的红细胞内，泰勒斯虫寄生于羊的红细胞、白细胞内。蜱是焦虫病的传播媒介，当蜱在羊体表吸血时，焦虫随血液进入到蜱体内，经发育后，当蜱再次吸食其羊时，又将病原传播给其他羊致其感染焦虫病。

【流行特点】

焦虫病主要发生在有蜱流行的地方，一般春、夏和秋季易发生。

【临床症状及病理变化】

患羊发病初期，精神沉郁、目光呆滞、头低耳聋，接着眼睑水肿，伴有轻度黄疸，食欲减退，体温升高至 40～41℃。食欲下降，反刍停止，胃肠功能减弱，少数病羊排血尿，粪便恶臭，呈黄绿色；体表翻毛检查时还可见蜱寄生；触诊可查颌下淋巴结肿大。剖检可见尸体外观消瘦、贫血，全身淋巴结肿大，肝脏、脾脏、肾脏肿大，有出血点，血液色淡清稀，滴在地上很快红色消失。

【诊断】

发生在有蜱流行的地方，结合拉血尿等症状可初步做出判断，确诊需要血液涂片或染色镜检。

【治疗】

可选用三氮脒（贝尼尔或血虫净）、黄色素、硫酸喹啉脲（苏拉明）等进行治疗，根据临床其他症状，可辅以对症用药。

【预防】

在流行季节来临前，做好体表寄生虫尤其蜱虫的驱治工作，不把羊赶到有蜱活动的地方放牧；把好检疫关，不从有焦虫病流行的地方引种。

第五节　肉用山羊常见普通病的防治

1. 羊瘤胃积食

瘤胃积食这是一个常见的内科病，是瘤胃内积滞过多的食物，使瘤胃体积增大、胃壁扩张，食物滞留于胃内引起的严重消化不良，并引起前胃机能紊乱的疾病。临床表现为反刍、嗳气停止、瘤胃坚实、疝痛，瘤胃蠕动极弱或消失。也可继发于前胃弛缓、真胃炎、瓣胃阻塞、创伤性网胃炎、腹膜炎，真胃阻塞也可导致该病的发生。

【病因】

（1）长期喂单一饲料，突然转喂优质适口的饲料，或采食过量的干粗饲料，又缺乏饮水，采长期食高水平的精饲料，熟食如猪潲、干饭、稀饭等。

（2）过度饥饿贪食暴饮而引起。

（3）采食过多精料及易膨胀的饲料，如豆类、米糠、谷、麦麸、红薯藤等，导致机体酸中毒。

（4）羊只长期舍饲，运动不足，采食大量饲料而又饮水不足。

【主要临床症状】

（1）瘤胃充满而坚实，但症状表现的程度，根据病因于胃内容物分解毒物被吸收的轻重而有不同。

（2）精神委顿，轻微腹痛、呻吟，四肢集于腹下或开张，拱背，摇尾或后踢腹，或频频回视腹部，起卧不安，鼻镜干燥，食欲不振、反刍、嗳气都减退，重者完全停止。

（3）腹围膨大，因瘤胃积食压迫膈肌，引起呼吸困难，呼吸、脉搏增数，体温一般正常。

（4）触诊瘤胃时或软或硬，有时如面团，用指一压，即呈以凹陷，因有痛感，故常躲闪。常有便秘，直肠检查感觉粪便干硬或无粪而完全空虚。

（5）随着病情加重，羊只四肢无力，卧地不起，呈昏迷状态，如不及时治疗会因脱水、中毒、衰竭或窒息而死亡。

【防治】

（1）加强管理，避免大量给予纤维干硬而不易消化的饲料，对精料也要有所控制。

（2）舍饲时，应给予充足的温水，尤其在饱食后不要给大量冷水。

（3）以排除积食，抑制发酵，兴奋瘤胃，恢复机能为主的原则。

【治疗】

（1）轻者绝食 1～2d，勤给水喝，按摩瘤胃，每次 10～15 min，可自愈。也可用鱼石脂4 g，酒精20 ml，茴香醑10 ml，橙皮酊 10 ml，加水至 200 ml，1 次灌服。

（2）中度患羊，用盐类和油类泻剂混合灌服。如硫酸镁 50 g，石蜡油 80 ml，加水溶解内服；5% 氯化钠注射液 50～100 ml 静脉注射，对兴奋瘤胃活动有良好作用；止酵药可用来苏儿或福尔马林1～3 ml 或鱼石脂1～3 g，加水适量内服。

（3）严重者，经药物治疗无效时，应早期作瘤胃切开手术。

（4）病羊在恢复期间，应限制饲料给量，而且饲料带有轻泻性质，直到完全恢复为止。病的恢复期通常为4～5d。

2. 羊瘤胃鼓气

瘤胃鼓胀是瘤胃内容物发酵产生大量气体，致使瘤胃体积迅速增大，过度膨胀并出现嗳气障碍为特征的一种疾病。本病可以分为原发性瘤胃鼓气和继发性瘤胃鼓气两种。

【病因】

（1）原发性瘤胃鼓气：主要采食大量容易产气的饲料，如豆科饲料、鲜嫩多汁的青草、红薯藤等，在短时间内产生大量气体蓄积于瘤胃内而发病。采食霜露或雨后的青草也可引起发病。采食较多粉碎过细的谷物饲料，可引起瘤胃pH值下降，适合于带荚膜的细菌生长，可产生稳定泡沫的细胞外多糖黏液，以及唾液分泌不全等引起。采食了有毒生物，如毒芹、毛茛、颠茄、闹羊花等。

（2）继发性瘤胃鼓气：主要是由于前胃机能减弱，嗳气机能障碍。多见于食道阻塞、瘤胃积食、前胃弛缓、气硬病等引起。

【主要临床症状】

（1）发病后站立不动，背拱起，腹部急剧膨胀，右肷部显著鼓起，皮肤紧张，叩击瘤胃声如鼓响。由于第一胃向胸腔挤压，引起呼吸困难，张口伸舌，心跳加快，病羊体温一般正常。

（2）食欲、反刍、嗳气停止，呻吟，头看腹部，后肢踢腹，口吐白沫，心跳快且弱，重者常因窒息、心脏衰竭死亡。

（3）膨胀严重者，病羊的结膜及其他可见黏膜呈紫红色，间有嗳气或食物反流现象。有的直肠脱出，站立不稳，痉挛而死。

【主要剖检病变】

（1）尸体腹部膨大，瘤胃壁非常紧张，有时瘤胃或横膈肌破裂。

（2）胃内有大量气体或泡沫物质。

（3）肺或静脉瘀血，心包及浆膜上有小点状及线状充血，很像窒息病变。

【防治】

（1）放牧时，注意时间的控制，尤其是不可任意饱食。

（2）不要随意变更饲料，不要喂霉烂的饲料和容易发酵的饲料，雨后及早晨不要放牧。

【治疗】

（1）可插入胃导管放气，缓解腹压，防腐止酵，清理胃肠。灌服福尔马林溶液或来苏尔 2 ~ 5 ml，加水200 ml；或灌服氧化镁，小羊 4 ~ 6 g，大羊 8 ~ 12 g；或用5%碳酸氢钠溶液 1 500 ml 洗胃，以排出气体及胃内容物。

（2）对重病羊，立即用粗长的针头于左侧肷部穿刺缓慢放气，从长针头内注入止酵剂，如松节油20 ~ 40 ml 或来苏儿10 ~ 20 ml，福尔马林1 ~ 3 ml，鱼石脂5 ~ 10 g加水适量。

3. 羊乳房炎

乳房炎是由各种原因引起的乳腺发生不同性质的炎症，表现为乳房发热、红肿、疼痛，影响泌乳机能和产乳量。常见于泌乳期和高产奶山羊。

【病因】

（1）因挤压、碰撞、摩擦等外界因素损伤感染所致，常见于挤乳技术不熟练，损伤了乳头、乳腺体。

（2）因挤乳工具不卫生，使乳房受到细菌感染。

（3）饲养管理不当、乳腺分泌功能过强、某些传染病（口蹄疫、结核病等）也可诱发本病。

【主要临床症状】

（1）急性乳房炎表现为红肿热痛，乳房淋巴结肿大，乳汁排出不畅。乳量减少或停止，乳汁稀薄变性，常混有血液脓汁和絮状物，严重时可出现精神沉郁、发热、厌食、起卧困难，急剧消瘦，常因败血症而死亡。

（2）慢性乳房炎，多因急性乳房炎未彻底治愈而引起，临床较多见，且不易诊断。表现为乳房内常有大小不等的硬块，患部组织弹性降低，形成硬结、泌乳减少或停止，乳汁中混有粒状或絮状凝块。有的化脓或穿透皮肤形成瘘管，一般无全身症状。

【防治】

（1）由于本病多数为难以诊断的隐形乳房炎，因此良好的卫生措施和挤奶方法及管理是防治本病的有效途径。

（2）改善羊圈的卫生条件，扫除圈舍污物，使乳房经常保持清洁。对病羊要隔离饲养，单独挤乳，防止病菌扩散。定期消毒棚圈。

（3）每次挤奶前要用温水将乳房及乳头洗净，用干毛巾擦干，挤完奶后，应用 0.2% ~ 0.3% 氯胺 T 溶液或 0.05% 新洁尔灭浸泡或擦拭乳头。

（4）枯草季节要适当补喂鲜草料，避免严寒和烈日暴晒。产奶特别多而羔羊吃不完时，可人工将剩奶挤出和减少精料。

（5）怀孕后期不要停奶过急，停奶后将抗生素注入每个乳头管内。

【治疗】

（1）选用青霉素 80 万单位，链霉素 1 g 用灭菌用水 10ml 稀释注入乳房内，注射前应挤净乳汁，注射后轻揉腺体，同时用青霉素 40 万单位，0.25% 普鲁卡因在乳房基底部与腹壁之间，用封闭针头分 3～4 点注入，每天 1 次，连用 3d。同时辅以冷敷（炎症初期）和热敷处理。热敷常用 10% 硫酸镁溶液 1 000 ml，加热至 45℃，每天热敷 1～2 次，每次 5～10 min，连用 2～4d。

（2）慢性乳房炎选用抗生素疗法的同时，须配合樟脑软膏或鱼石脂软膏外敷。

（3）对于化脓性乳房炎，先排脓再用 3% 过氧化氢或 0.1% 高锰酸钾溶液冲洗脓腔，在以 0.1%～0.2% 雷佛奴尔纱布条引流，同时应用抗生素进行对症治疗。

（4）对乳房极度肿胀、发高热的全身性感染者，应及时用庆大霉素、卡那霉素、青霉素等抗生素进行全身治疗。

4. 感冒

感冒是一种急性全身心疾病，以上呼吸道黏膜炎症为主要特征，多发生于早春、晚秋气候剧变时，没有传染性。

【病因】

（1）气候突变，受寒冷刺激所引起。

（2）夏秋季天热羊出汗后又到风较大处，或冷雨浇淋，寒夜露宿。

（3）或剪毛后天气突然变冷等。

【主要临床症状】

（1）寒冷因素作用后突然发病，病羊精神沉郁，低头奄耳，食欲减少或废绝。

（2）鼻黏膜充血、肿胀，有浆液性鼻液，咳嗽，是有喷嚏或擦鼻现象。

（3）体温升高，浑身发抖，呆立。

（4）小羊有磨牙现象，大羊常发出鼻声。

【防治】

（1）预防，注意天气变化，做好御寒保暖工作，冬季门、墙防止冷风进入，夏季防出汗后风吹雨淋。

（2）治疗，病初给予解热镇痛药如30%安乃近、复方氨基比林或复方奎宁注射液，4～6 ml，每天1次，肌肉注射。也可内服醋溜酸、氨基比林或水杨酸钠等2～5 g，但高热不退时，应及时应用抗生素或磺胺类药物，如青霉素、链霉素，每天2次，每次40万～80万单位，肌肉注射。

5. 羊有机磷中毒

羊有机磷农药中毒是羊接触、吸入或采食了有机磷制剂所引起的一种中毒性病理过程。

【病因】

（1）误食喷有甲拌磷3911、对硫磷1605、内吸磷1059、乐果、敌百虫等有机磷农药的牧草或农作物、青菜。

（2）误食被有机磷农药污染的饮水、舔过没洗干净的农药用具或误把农药用具装水或饲料喂羊。

（3）在驱杀体内外寄生虫时，有机磷制剂使用不当或过量可引起中毒。

【主要临床症状】

（1）胆碱能神经受乙酰胆碱的过度刺激引起病羊过度兴奋。

（2）食欲不振，流涎，呕吐，腹泻，腹痛，呼吸困难，多汗，瞳孔缩小，可视黏膜发绀，大小便失禁。

（3）血压升高，呼吸、脉搏增加。

（4）病羊先兴奋不安，冲撞蹦跳，而后肌纤维性震颤，痉挛，步态不稳，失去平衡倒地不起，终因麻痹而窒息死亡。

【主要剖检病变】

（1）胃黏膜充血，内容物有大蒜臭味。

（2）病程稍久的，肝、脾肿大，肺充血水肿，支气管含多量泡沫。脏器黏膜和浆膜出血，呈暗紫色，内脏出血。

【防治】

（1）加强农药的管理，严格按"剧毒农药安全使用规程"使用。不在喷洒农药地区放牧。农药用具要妥善管理。

（2）治疗，灌服盐类泻剂，尽快清除胃内毒物，可用硫酸镁或硫酸钠30～40 g，加水适量，1次内服。

（3）可用1%肥皂水或4%碳酸氢钠溶液冲洗皮肤或洗胃，但敌百虫引起的中毒禁用。

（4）可用2%高锰酸钾洗胃，但对硫磷1605引起的中毒禁用。

（5）解毒可用解磷定、氯解磷定，按每千克体重 10～45 mg，溶于生理盐水、5% 葡萄糖溶液或蒸馏水均可，静脉注射，若半小时后不见好转，可再注射 1 次。

（6）1% 阿托品注射液 1～2 ml，皮下注射。

（7）必要时还应该进行对症治疗。可用水合氯醛或硫酸镁制止肌肉痉挛。呼吸困难的可注射氯化钙。心脏及呼吸衰弱时注射尼克刹米。

6. 羊氢氰酸中毒

羊氢氰酸中毒是由于羊食入含有氰甙配糖体的植物引起的一种中毒性疾病。

【病因】

（1）因羊采食过量含有氰甙的马铃薯幼苗、高粱苗、玉米苗、亚麻叶等植物及用量过大的杏仁、桃仁而突然发病。

（2）误食了氰化物农药污染的饲料、水，误舔了氰化物农药污染的用具等引起发病。

【主要临床症状】

（1）发病急，病初兴奋不安，后抑制，流涎，呕吐、腹痛、腹泻、胀气。

（2）心跳、呼吸加快，呼吸困难，呼出气体有苦杏味，全身衰弱、行走摇摆，肌肉痉挛、麻痹，倒地不起，抽搐、瞳孔散大，最后衰竭而亡。

【主要剖检病变】

（1）尸僵不全，尸体不易腐烂。

（2）血液凝固不良，血色鲜红，口腔有血色泡沫，喉头、气管和支气管黏膜有出血点，气管和支气管内有大量泡沫状液体。

（3）肺充血、出血、水肿，心内外膜有点状出血，心包内有淡黄色液体。胃肠黏膜充血和出血，胃内容物有苦杏仁味。

【防治】

（1）禁止在含有氰甙作物的地方放牧。用含有氰甙的马铃薯幼苗、高粱苗、玉米苗、亚麻叶等作饲料时，应经过水浸或发酵后再少量喂饲。

（2）妥善管理氰化物农药及其污染过的用具。

（3）发病后应立即静脉注射3%的亚硝酸钠溶液，每千克体重 6 ~ 10 mg，然后再注射 5% 的硫代硫酸钠溶液10 ~ 20 ml。

（4）同时可用维生素C、葡萄糖、强心剂等进行对症治疗。用0.1%高锰酸钾洗胃，1%硫酸铜催吐。

7. 羊亚硝酸盐中毒

羊亚硝酸盐中毒是羊采食了大量富含硝酸盐的青绿饲料，饲料中的硝酸盐在亚硝酸盐还原菌的作用下，转化为亚硝酸盐而发生中毒。

【病因】

（1）饲料中富含硝酸盐。亚硝酸盐是羊瘤胃中硝酸盐还原成氨的中间产物，如果羊采食了大量含硝酸盐的青饲料，即使是新鲜的，也可发生亚硝酸盐中毒。在自然条件下，各种鲜嫩青草、作物秧苗均富含硝酸盐。如南瓜藤、红薯藤、玉米、高粱、萝卜叶、莴笋叶及没成熟的大麦、小麦等。施化肥或农药时，如大量使用硝酸铵、硝酸钠等硝酸盐类，可使菜叶中的酸盐含量升高。

（2）饮水中硝酸盐含量高。

（3）硝酸盐还原菌广泛分布于自然界，适宜的生长温度为 20～40℃。如将青饲料堆放过久，特别是经雨淋或暴晒极易发热，从而给硝酸盐还原菌提供了适宜的生长环境，使饲料中的硝酸盐转化为亚硝酸盐。

【主要临床症状】

（1）病羊表现不安、流涎，呕吐、腹痛、腹泻，脱水。

（2）黏膜发绀，皮肤青紫，体温正常或偏低。呼吸困难，心跳加快，肌肉震颤，步态不稳，倒地不起，全身痉挛挣扎而死。

（3）母畜流产、分娩无力，受胎率降低。

【防治】

（1）避免青饲料长时间堆放。接近收割的青饲料不要再施用硝酸盐类肥料和农药。

（2）中毒羊可用 1% 美蓝解毒，按每千克体重 0.1 ml，10% 葡萄糖 250 ml，1 次静脉注射或分点肌肉注射。必要时 2h 后再用药 1 次。

（3）5% 的甲苯胺蓝按每千克体重 0.5 ml，维生素 C 0.4 g，静脉或肌肉注射。

（4）解毒同时，0.1% 高锰酸钾溶液洗胃，用取双氧水 10～20 ml，生理盐水 30～60 ml 混合静脉注射。或用 10% 葡萄糖 250 ml，维生素 C 0.4 g，25% 尼可刹米 3 ml 静脉注射进行对症治疗。

8. 羊佝偻病

羊佝偻病是钙、磷代谢障碍引起骨组织发育不良的一种慢性不发热疾病。

【病因】

（1）主要是由于饲料中维生素 D 的含量不足，导致羔羊体内维生素 D 缺乏，直接影响钙、磷的吸收和血液内钙、磷的平衡。

（2）母乳及饲料中钙、磷比例不当或缺乏，哺乳羔羊的奶量不足，紫外线照射不足等多种原因也可诱发本病。

（3）甲状旁腺及胸腺的机体紊乱，影响钙的代谢，诱发本病。

【主要临床症状】

（1）生长迟缓、消瘦、食欲减退、消化不良、异嗜，卧地不起或卧地起立缓慢，跛行，行走步态摇摆。长期弯着腕关节站立，触诊关节有疼痛反应。患病后期，病羔以腕关节着地爬行，躯体后部不能抬起。重症者卧地、心跳加快、呼吸困难。

（2）关节肿大，肋骨下端出现佝偻病性念珠状物，长骨弯曲，四肢可以展开，呈"八"字形叉开站立。

（3）下颌骨增厚或变软，牙齿易松动而脱落，进食发生障碍，不能进食，严重者口腔不能闭合。

（4）面骨、躯干、四肢骨骼变形。

（5）病程 1~3 个月。

【防治】

（1）加强饲养管理，怀孕母羊和泌乳母羊及羔羊的饲料中应含有较丰富的蛋白质、维生素 D 和钙、磷，并注意钙、磷配合比例，供给充足干苜蓿、胡萝卜、青草等青绿多汁的饲料，并按需要量添加食盐、骨粉、各种微量元素等。

（2）羊舍要干燥通风，保证给以足够的运动和日照时间。

（3）患病羊主要是要补充维生素 D 和钙。可用维生素 A、维生素 D 注射液 3 ml 肌肉注射。或用精制鱼肝油 3 ml 灌服或肌肉注射。补充钙制剂可用 10% 的葡萄糖酸钙注射液 5～10 ml。也可注射维生素 A 注射液，每次 2 ml，2～3 d 1 次。

9. 羊维生素 A 缺乏症

当羊的饲料中缺乏胡萝卜或维生素 A 时，易引起维生素 A 缺乏症，以视力衰退、角膜及结膜干燥为特征。

【病因】

（1）羊的饲料中缺乏胡萝卜素或维生素 A。

（2）饲料调制加工不当，使其中脂肪酸败变质，加速饲料中维生素 A 类物质的氧化分解，导致维生素 A 缺乏。

（3）长期干旱、下雪、缺乏青绿饲料时，体内贮存的维生素 A 用尽，不能及时补充可引起维生素 A 缺乏症。

（4）慢性肠道疾病和肝脏有病时，易继发维生素 A 缺乏症。

【主要临床症状】

（1）病羊发生夜盲症，患羊畏光，视力减退，盲目前进，碰撞障碍物，或行动迟缓，小心谨慎。

（2）结膜细胞萎缩，腺上皮机能减能减退，分泌物减少角膜增厚，眼干燥。

（3）骨骼发育不良，繁殖机能障碍，机体免疫力下降，易继发其他疾病。

【防治】

（1）改善日粮，每日供应胡萝卜素每千克体重0.1～0.4 mg。长期饲喂枯黄干草应适当加入鱼肝油。

（2）加强饲料的管理，防止饲料发热、发霉和氧化，以保证维生素A不被破坏。

（3）治疗：日粮中加入青绿饲料及鱼肝油，可迅速治愈。

（4）病羊口服鱼肝油，每次20～50 ml。

（5）用维生素A、维生素D注射液，肌肉注射，每次2～4 ml，每天1次。

参考文献

［1］ 熊朝瑞. 高效养肉用山羊［M］. 北京：机械工业出版社，2016.

［2］ 赵有璋. 中国养羊学［M］. 北京：中国农业出版社，2013.

［3］ 赵有璋. 羊生产学［M］. 北京：中国农业出版社，2011.

［4］ 岳文斌. 羊场畜牧师手册［M］. 北京：金盾出版社，2008.

［5］ 熊朝瑞. 良种肉用山羊养殖技术［M］. 北京：金盾出版社，2000.

［6］ 熊朝瑞. 新版养羊问答［M］. 成都：四川科学技术出版社，2011.

［7］ 国家畜禽遗传资源委员会组. 中国畜禽遗传资源志·羊志［M］. 北京：中国农业出版社，2011.

［8］ 周佳勃等. 山羊生殖技术［M］. 广州：世界图书出版社广东有限公司，2012.

［9］ 姜勋平等. 羊高效养殖关键技术精解［M］. 北京：化学工业出版社，2010.

［10］ 李晓锋. 南方种草养羊实用技术［M］. 北京：金盾出版社，2010.

［11］ NY/T682－2003 畜禽场场区设计技术规范［S］.

［12］ 丁伯良等. 羊病临床诊疗实例解析［M］. 北京：中国农业出版社，2013.

［13］ 陈谷等. 种草养羊手册［M］. 北京：化学工业出版社，2013.

［14］ 郭孝等. 新编饲草种植与利用技术手册［M］. 郑州：中原农民出版社，2006.

［15］ 徐柱等. 中国牧草手册［M］. 北京：化学工业出版社，2004.

［16］ 张秀芬等. 饲草饲料加工与贮藏［M］. 北京：农业出版社，1991.